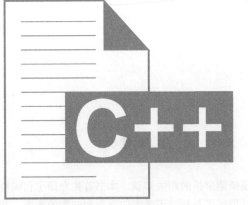

代码审计
C/C++实践

曹向志　马　森　陈能技　等 / 著

人民邮电出版社

北京

图书在版编目（CIP）数据

代码审计：C/C++实践 / 曹向志等著. -- 北京：
人民邮电出版社，2023.11
ISBN 978-7-115-60104-9

Ⅰ．①代… Ⅱ．①曹… Ⅲ．①C语言－程序设计②C+
+语言－程序设计 Ⅳ．①TP312.8

中国版本图书馆CIP数据核字(2022)第181196号

内 容 提 要

本书旨在介绍代码审计及缺陷剖析的相关知识。本书首先介绍了代码检测技术和代码检测工具；
然后讲述了 C/C++安全标准，展示了与标准不兼容的案例和兼容的案例，并对案例对应的知识点进行
讲解，以帮助开发人员、评测人员理解和运用标准；接着分析了 C/C++语言源代码漏洞测试，展示了
包含安全漏洞的案例，以及修复安全漏洞的案例；最后介绍了常见运行时缺陷，主要基于 C/C++案例
代码进行剖析，这些运行时缺陷是在对 C/C++项目进行代码检测和代码审计时需要重点关注的。

本书不仅适合开发人员、测试人员阅读，还适合作为相关培训机构的教材。

◆ 著　　　　曹向志　马　森　陈能技　等
　　责任编辑　谢晓芳
　　责任印制　王　郁　焦志炜

◆ 人民邮电出版社出版发行　　北京市丰台区成寿寺路 11 号
　　邮编　100164　电子邮件　315@ptpress.com.cn
　　网址　https://www.ptpress.com.cn
　　三河市君旺印务有限公司印刷

◆ 开本：787×1092　1/16
　　印张：15.75　　　　　　　　2023 年 11 月第 1 版
　　字数：420 千字　　　　　　　2024 年 11 月河北第 3 次印刷

定价：89.80 元

读者服务热线：(010)81055410　印装质量热线：(010)81055316
反盗版热线：(010)81055315
广告经营许可证：京东市监广登字 20170147 号

前　言

近些年来，随着社会的发展和科技的进步，在能源、金融、公共安全等众多领域，国家大型关键基础设施正在向着更高的水平跃升，呈现出超大型化、复杂化、安全化的特征。软件在这些关键基础设施中起到核心的作用。随着软件规模的日益增大，代码数量由几万行发展到现在的几十万行，甚至几百万行的规模，系统的逻辑结构越来越复杂，仅靠人工基本上无法满足代码检测对时效、成本等各方面的要求。

代码审计的目的是找出并修复代码中各种可能影响系统安全的潜在风险，提高代码的质量，降低系统风险。由于有些系统的代码量大，因此代码审计人员一般会借助静态分析类工具，对代码进行自动检测，并生成代码安全审计报告。

当前，软件安全问题越来越突出，我国对软件安全问题越来越重视，国家或行业协会出台了很多与软件安全相关的标准或指南。

2019 年，国家相关部门正式发布与网络安全等级保护制度 2.0 标准相关的《信息安全技术　网络安全等级保护基本要求》等标准。在此背景下，各企业对软件质量的要求越来越高，与软件测试相关的工作尽量"左移"，注重提升代码的交付质量。在开发阶段，测试人员要对研发工程师每天提交的代码进行检测，及时发现和修复缺陷。尤其是很多企业正在实现 DevOps 或 DevSecOps，其中代码扫描是整个软件开发中的重要一环，需要使用自动化源代码安全检测工具对代码在不同阶段按照不同的安全策略进行扫描。

软件测试技术的不断发展促进了软件静态分析技术的发展。对程序代码进行静态分析能够发现很多语义缺陷、运行时缺陷和安全漏洞。静态分析在软件测试中的重要性越来越高。随着代码规模的增加与代码结构的复杂化，完全依靠人工审查代码成为制约研发效率提升的关键因素。采用代码自动化分析技术，能够提升开发和测试效率，降低程序风险，降低研发成本。强有力的代码审查工具能够在非运行状态下全面审查代码中的安全问题。

本书全面介绍了代码审计及缺陷剖析的相关知识，既包括代码检测的技术，也包括代码检测的工具。为了让读者学以致用，本书在讲解相关技术和工具时，结合实际案例代码讲解，以便读者可以将所学知识应用到实际项目中。

本书适合以下人员阅读。

- 代码检测人员、开发人员、测试人员，本书介绍的案例与工具可以帮助他们验证所开发的程序是否有缺陷和安全漏洞。
- 大专院校和培训机构的学生，本书可以帮助他们提升程序开发水平。

感谢北京大学实验室的各位同事在编写本书期间对我的支持。

感谢赵智海、黄金菊对本书中关于 GJB 8114 的案例进行了校对、修正，并为案例添加了相应的技术知识点分析。

感谢我的妻子和孩子，我在编著本书时前后用了一年多的时间，她们承担了更多的家务，给了我很大的支持。本书的出版历经波折，终于面世，同时感谢为此付出努力的各位编辑。

曹向志

服务与支持

本书由异步社区出品，社区（https://www.epubit.com）为您提供后续服务。

提交勘误信息

作者和编辑尽最大努力来确保书中内容的准确性，但难免会存在疏漏。欢迎您将发现的问题反馈给我们，帮助我们提升图书的质量。

当您发现错误时，请登录异步社区，按书名搜索，进入本书页面，单击"发表勘误"，输入相关信息，单击"提交勘误"按钮即可，如下图所示。本书的作者和编辑会对您提交的相关信息进行审核，确认并接受后，您将获赠异步社区的 100 积分。积分可用于在异步社区兑换优惠券、样书或奖品。

与我们联系

我们的联系邮箱是 contact@epubit.com.cn。

如果您对本书有任何疑问或建议，请您发邮件给我们，并请在邮件标题中注明本书书名，以便我们更高效地做出反馈。

如果您有兴趣出版图书、录制教学视频，或者参与图书翻译、技术审校等工作，可以发邮件给我们；有意出版图书的作者也可以到异步社区投稿（直接访问 www.epubit.com/contribute 即可）。

如果您所在的学校、培训机构或企业想批量购买本书或异步社区出版的其他图书，也可以发邮件给我们。

如果您在网上发现有针对异步社区出品图书的各种形式的盗版行为，包括对图书全部或部分内容的非授权传播，请您将怀疑有侵权行为的链接通过邮件发送给我们。您的这一举动是对作者权益的保护，也是我们持续为您提供有价值的内容的动力之源。

关于异步社区和异步图书

　　"异步社区" 是人民邮电出版社旗下 IT 专业图书社区，致力于出版精品 IT 图书和相关学习产品，为作译者提供优质出版服务。异步社区创办于 2015 年 8 月，提供大量精品 IT 图书和电子书，以及高品质技术文章和视频课程。更多详情请访问异步社区官网 https://www.epubit.com。

　　"异步图书" 是由异步社区编辑团队策划出版的精品 IT 专业图书的品牌，依托于人民邮电出版社的计算机图书出版积累和专业编辑团队，相关图书在封面上印有异步图书的 LOGO。异步图书的出版领域包括软件开发、大数据、人工智能、测试、前端、网络技术等。

异步社区　　　　　　　　　　　微信服务号

目 录

第1章 代码检测和工具

1.1 背景

随着国际形势越来越复杂,国家之间的竞争已由物理空间逐渐扩大到网络空间。据统计,公开的已知安全漏洞已超过20万个,还有大量未公开的安全漏洞,这些安全漏洞的价格往往从几万美元到几十万美元。Google、Microsoft等公司一般用重金奖励发现其产品中安全漏洞的人员。国内外每年举办多场CTF(Capture The Flag,夺旗)大赛和各种安全漏洞挖掘大赛。例如,2018年,阿里巴巴集团组织了软件供应链安全大赛。国内对网络安全和软件安全越来越重视,鼓励发展自主、可控的国产化软件。当然,国产化软件更需要关注安全,尤其是国产软件可能使用大量的第三方框架、开源组件、第三方库等。这些第三方软件中往往被当作安全软件集中到所研发的系统中,但是这些软件存在大量的安全漏洞。

在检测手段尚未普及的情况下,这些安全漏洞为国产化软件带来了潜在的风险。网络安全主要是由软件安全决定的,而软件安全主要是由代码安全决定的,所以要真正做到网络安全,必须先保证代码安全,进而保证软件安全。

网络安全等级保护制度2.0标准规定,将可信验证列入各级别和各环节的主要功能要求。可信1.0关注主机,可信2.0关注PC,可信3.0关注网络。在移动管理、生产管理层控制方面,提出了对恶意代码检测的管理要求;在网络和通信安全以及设备与计算安全方面,强调对"未知攻击"的检测分析要求、对恶意代码的防范要求;IaaS、SaaS安全建设管理强化了对自行软件开发和服务供应商的要求,包括安全性测试、恶意代码检测的管理要求。该标准要求安装防恶意代码软件,并定期进行恶意代码扫描,及时更新防恶意代码的软件版本。代码审计越来越受到重视。

在源代码的安全审计中,人的因素对审计效果影响很大。该标准旨在尽可能降低人的因素对审计效果的影响,提高工作质量,真正帮客户找到问题并解决问题。

在代码检测工作中,我们常常要借助一些自动化的静态检测工具来解决部分显式问题,而人工审计更注重弥补工具的不足,需要对工具检测的结果进行审核,这在一定程度上减轻了审计人员的工作量。认证、授权、输入/输出验证、会话管理、错误处理、加密、日志审计及业务等往往很难通过自动化审计完成,需要通过人工审计完成。

在代码检测过程中,审计人员首先需要根据用户提供的测试环境、设计文档、使用手册,对应用系统的业务功能进行学习,对业务数据流进行梳理,检查关键环节的业务安全控制。检测完成后,需要从业务角度对威胁进行分析并归类。

1.2 代码审计

代码审计是指依据CVE(Common Vulnerabilities&Exposures,通用漏洞和风险)、开放Web应

用程序安全项目（Open Web Application Security Project，OWASP）Web 漏洞，以及设备、软件厂商公布的漏洞库，结合专业源代码扫描工具对以各种程序语言编写的源代码进行安全审计。代码审计能够为客户提供安全编码规范咨询、源代码安全现状测评、源代码安全漏洞定位、漏洞风险分析、修改建议等服务。

1.2.1　代码审计的思路

要做代码审计，相关人员需要具备一定的技术知识；具有代码开发能力，能够熟练阅读基于各种语言的代码（对于 Java 项目，还要了解各种开源框架、商业框架和自定义框架）；理解安全漏洞、运行时缺陷在代码层面的原理。在接到审计任务时，相关人员需要了解审计的质量要求和目标。阅读系统的配置文件，例如，梳理 application-context.xml、struts.xml、web.xml 等，这在一定程度上有助于理解系统的组成。从业务输入开始，分析业务数据处理流程有助于分析污点的整个轨迹，并根据每类安全漏洞的特征，直接定位代码和分析代码。

当对 C/C++语言源代码进行审计时，审计人员最好先画出函数调用图、每个函数的流程图或控制流图。从主函数开始分析，分析代码中的缺陷，检查程序源代码是否存在安全隐患，或者编码是否有不符合安全标准的地方。借助自动化检测工具，绘制函数调用图和控制流图，辅助进行代码审计。C/C++在安全漏洞方面的问题相对较少，主要存在内存泄漏、数组越界、空指针解引用等运行时缺陷，这些缺陷在编译时是无法被编译器发现的，只有等程序执行一段时间后，才能暴露出来。审计人员最好事先通过检测工具，找到缺陷线索，然后根据缺陷线索深入分析代码。

1.2.2　代码审计的步骤

代码审计的步骤如图 1-1 所示。

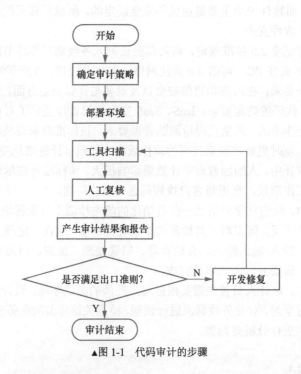

▲图 1-1　代码审计的步骤

从上面的代码审计步骤可以看到，代码审计工作的关键环节如下。

（1）确定审计策略：主要考虑代码开发语言、架构、安全审计质量规则、检测效率等。安全审计质量规则需要考虑代码检测工具是否满足检测质量要求，也就是代码检测工具能否覆盖检测项，同时代码检测工具应该可扩展。

（2）部署环境：主要考虑代码检测工具能否适合所有的物理环境，包括网络、服务器、工具兼容性等。

（3）工具扫描：主要考虑代码检测工具的技术指标，如工具支持的开发语言、检测精度、效率，以及是否支持迭代检测等。

（4）人工复核：主要考虑人工复核的工作量，检测结果是否容易复核。这就要求代码检测工具精度高，结果容易检查，误报少。

（5）产生审计结果和报告：主要考虑代码检测工具能否根据需要自动产生审计结果、审计报告，能否根据需要定制审计报告内容。审计结果和报告以中文显示，便于阅读。检测过程能够跟踪与回溯。

（6）设置出口规则：检测完成，能够判断代码是否满足相应的出口规则，以便于快速决策。

（7）开发修复：主要考虑检测结果是否便于开发人员修复代码、能否快速定位安全漏洞、提示信息是否准确，甚至能否自动修复代码。检测精度高，误报少，漏报少，这就要求代码检测工具比较成熟，且得到国际公认组织的认证、认可，符合国际、国内主流标准，同时为开发团队确认和修复代码可以提供培训与支持。

1.2.3 安全审计的标准

1. 开发人员和 Web 应用程序安全性的标准意识文档

OWASP 提供有关计算机和互联网应用程序的公正、实用的信息。其目的是协助个人、企业和机构发现并使用可信赖软件。

OWASP Top 10 是针对开发人员和 Web 应用程序安全性的标准意识文档。它代表了对 Web 应用程序最严重的安全风险的广泛共识。被开发人员全球认可是迈向更安全编码的第一步。

公司应采用此文档并确保其 Web 应用程序将安全风险降至最低。使用 OWASP Top 10 可能有助于产生更安全的代码。

C/C++语言中与 OWASP Top 10 对应的安全漏洞相对于 Java 等语言中的少。

2. 25 个危险的编程错误

SANS（SysAdmin, Audit, Network, Security）研究所是美国一家信息安全培训与认证机构，CWE（Common Weakness Enumeration，通用缺陷枚举）是 MITRE 公司维护的源代码缺陷列表。CWE/SANS 在 2009 年首次联合发布了 25 个危险的编程错误（以下简称 CWE Top 25），每年更新。

CWE Top 25 由 MITRE 发布，是对可能导致严重软件安全事件的最广泛、最严重的安全漏洞的汇总之一。这些漏洞使黑客能够控制受影响的系统，窃取敏感数据并导致拒绝服务情况。CWE Top 25 能够帮助开发人员降低源代码缺陷带来的开发风险。

CWE Top 25 是 SANS 研究所、MITRE 和许多欧美软件安全专家合作的成果，对一些编程错误给出了详细描述，并给出了权威性的指导以减少和避免这些错误。这些错误频繁发生，往往容易被攻击者发现和利用。这些错误之所以是危险的，是因为它们会经常让攻击者完全接管软件、窃取数据，或让软件系统停止工作。

CWE Top 25 列表的主要目标是在软件发布之前，帮助程序员消除十分常见的错误，从源头上排除源代码缺陷。软件用户可以用同样的清单，获取更安全的软件。软件管理人员则可用它们来衡量软件的安全程度。

2020 年发布的 CWE Top 25 如表 1-1 所示。

表 1-1　　　　　　　　　　　　2020 年发布的 CWE Top 25

序号	ID	名称
1	CWE-79	跨站点脚本攻击
2	CWE-787	越界写
3	CWE-20	输入验证不正确
4	CWE-125	越界读取
5	CWE-119	内存缓冲区范围内的操作限制不当
6	CWE-89	SQL 注入
7	CWE-200	未经授权公开敏感信息
8	CWE-416	指针释放后使用
9	CWE-352	跨站请求伪造（Cross-Site Request Forgery，CSRF）
10	CWE-78	OS 命令注入
11	CWE-190	整数溢出或环绕
12	CWE-22	路径遍历
13	CWE-476	空指针解引用
14	CWE-287	身份验证不正确
15	CWE-434	不受限制地上传危险类型的文件
16	CWE-732	关键资源的权限分配不正确
17	CWE-94	对代码生成的控制不当
18	CWE-522	凭据保护不足
19	CWE-611	XML 外部实体参考的限制不当
20	CWE-798	硬编码凭证的使用
21	CWE-502	不可信数据的反序列化
22	CWE-269	权限管理不当
23	CWE-400	不受控制的资源消耗
24	CWE-306	缺少关键功能的验证
25	CWE-862	缺少授权

3. 编码标准

编码标准（ISO/IEC TS 17961）旨在为静态分析器（包括静态分析工具和 C 语言编译器）建立

一套基准要求，供希望诊断超出标准范围的不安全代码的供应商使用。所有规则均应通过静态分析强制执行。选择这些规则的标准是，实施这些规则的分析器必须能够有效发现安全的编码错误，而不会产生过多的误报。

迄今为止，静态分析在安全性上的应用已由不同的供应商以临时方式进行，从而导致对重大安全问题的覆盖范围不一致。ISO/IEC TS 17961 列举了安全编码规则，并要求分析引擎根据规范诊断代码是否违反了这些规则。这些规则可以以与实现相关的方式进行扩展，从而为符合条件的客户提供最小的覆盖保证。

ISO/IEC TS 17961 指定了使用 C 编程语言进行安全编码的规则，并包括每个规则的代码示例。不合规的代码示例演示了具有缺陷的语言结构，这些缺陷具有潜在的可利用的安全隐患。这些示例有望从符合条件的分析器中诊断出受影响的语言结构。ISO/IEC TS 17961 没有规定这些规则的实施机制或要实施的任何特定编码样式。

1.2.4　代码审计中的常见概念

在代码审计中，常见的概念如下。

- 验证（valiation）：保证输入的数据在预先设定好的有效的程序输入范围之内。
- 净化（sanitization）：当数据从一个受信任域直接传递到组件时，确保数据符合接收该数据的子系统对数据的要求。净化可能会涉及数据泄露、输出数据超出受信边界、敏感数据泄露。净化可以通过消除不必要的字符输入（如对字符进行删除、更换、编码、转义等操作）实现。净化可以在数据输入之后或数据跨受信边界传输之前进行。数据净化和输入验证经常并存，且是相互补充的。
- 标准化（canonicalization）和归一化（normalization）：标准化是指将输入以最小损失还原成等价的最简单的已知形式；归一化是一个有损转换的过程，在这个过程中，输入数据会用最简单的形式来表现。标准化和归一化必须在数据验证之前进行，从而防止攻击者利用验证例程来除去不合法的字符，并由此构建一个不合法的字符序列。在把数据发送到受信域组件时，发送者必须确保数据经过适当的编码处理，保证数据在穿过受信边界时，满足数据接收者对受信边界的要求。例如，虽然一个系统可能已经被恶意代码或数据渗透了，但是系统输出是经过适当转义和编码处理的，还可以避免许多攻击。
- 敏感数据泄露：泄露身份证号码、信用卡号码、用户名、密码等敏感数据。当数据在不同等级受信域组件中共享时，称这些数据是跨域受信边界的。因为在 Java 环境中允许同一个程序中处在不同受信的两个组件进行数据通信，所以会出现那些跨域受信边界的数据传输。因此，如果在域中存在一个授权用户，而该用户没有数据接收权限，那么系统必须保证这些数据不会发送给处于该域的组件。
- 共享内存和共享变量：可以在线程之间共享的内存称为共享内存或内存堆，可以在不同的线程中共享的变量称为共享变量。由于共享变量中的数值是缓存的，因此把这些数值写入主存会有延迟，有可能会导致其他线程读取这个变量过时的数值。所有的实例字段、静态字段及数组元素作为共享变量存储在共享内存中。局部变量、方法参数及异常例程参数不在线程之间共享。

1.3　代码检测工具

目前，对一个系统进行审计需要关注方方面面。为了检查每一项需要消耗大量的时间，很难用一个工具对所有项都进行审计，往往需要借助多个工具辅助进行审计。其中，针对软件代码本身的审计工具（或者称为源代码检测工具）是一个非常重要的工具。

现在系统的代码量非常大，往往达到几十万行，甚至几百万行，仅仅靠人工审计需要消耗很长时间，几乎不太可能满足项目时间的要求，所以往往需要使用一款自动化代码检测工具进行代码扫描，扫描完成后，再通过人工复核，去掉工具的误报。然而，采用的工具是否有漏报，往往很难评估。

代码安全审计工具应该具有的功能如下。

- 支持主流开发语言，至少支持 C、C++、Java、JavaScript、HTML、Python、PHP、C#、.NET 等语言。
- 支持尽可能多的安全检测项，尤其是能够支持对典型安全漏洞进行深度检测，尽量正确报告代码中的缺陷、漏洞和潜在的编码风险，这也是考查工具可用性的必要条件。
- 不管是测评中心、开发团队、安全团队，还是代码安全审计人员，都可能无法完全编译获得的审计代码，因此工具最好既支持对编译后的代码进行检测，又能直接对源代码本身进行检测。
- 要在国内使用，操作和审计报告全部是中文也是必要的。
- 具备定制功能，即能够根据不同的代码检测要求，选择审查范围，确定检测项，最好能够快速定制检测项。
- 支持对开源组件和第三方库的检测，这就要求工具具备字节码、二进制文件检测能力，同时能够快速响应客户需求，支持快速升级。

代码安全审计是一项新兴的业务。之前，除军工单位比较重视代码审计之外，金融、互联网等企业没有给予其足够的重视，至于代码审计到底怎么做，检测出什么结果是对的，工具漏报、误报是怎么度量的，审计人员可能不太清楚，所以厂商需要提供完整的解决方案，包括咨询服务、培训服务等。

1.3.1 代码检测工具的原理

代码检测工具属于静态应用安全测试（Static Application Security Testing，SAST）工具。静态应用安全测试技术通常通过在编码阶段分析应用程序的源代码或二进制文件的语法、结构、过程、接口等发现程序代码存在的安全漏洞。

相对于动态分析或运行时测试方案，SAST 工具能在开发阶段检测出源代码中的安全漏洞，从而大大降低修复安全问题的成本。它们还能找到许多动态分析工具通常无法找到的漏洞。得益于自动化的特性，SAST 工具能在成百上千款应用间实现伸缩，而这是人工分析方法无法企及的。检测人员使用 SAST 工具对一个或两个项目进行检测，就能体验到 SAST 工具的优缺点，因为其检测效果立竿见影。

采用静态分析方法的很多代码检测工具覆盖了绝大多数软件安全漏洞，或诸如 OWASP Top 10 的高风险漏洞，因此它们已经足够好了。开发公司往往不会在软件开发初期就考虑安全问题，而希望在应用部署到生产环境之前，获得一份来自扫描工具的"无瑕疵报告"。其实，这种做法非常危险，因为它忽视了 SAST 技术的基本限制。

静态分析工具检测出的缺陷数量的多少与工具本身有多少条检测规则有关，这些检测规则涉及安全编码规范、安全编码标准、OWASP Top 10 安全漏洞、CWE Top 25、与国家安全漏洞相关的标准、与行业安全漏洞相关的标准等。每家工具厂商尽量设计更多的检测规则（或者称为检测器），以检测出更多的缺陷或安全漏洞。

静态分析工具相当复杂。为了正常发挥功能，它们需要从语义上理解程序的代码、依赖关系、配置文件及可能没有用同一种语言写的组件。与此同时，它们还必须保持一定的分析速度及准确性，从而减少误报的数量。此外，JavaScript、Python 之类的动态类型语言在编译时往往无法确定对象所属的类或类型，因此这进一步影响了静态分析工具的效率。于是，找到大多数软件安全漏洞是不太可能的。

NIST SAMATE 项目力求测量静态分析工具的效率，从而帮助公司改善该技术的使用情况。它们对一些开源软件包分别执行了静态分析及人工代码检查，并对比两者的结果。分析显示，在所发现的全部漏洞中，1/8～1/3 的漏洞属于简单漏洞。进一步的研究发现，这些工具只能发现简单的实现错误，对需要深入理解代码结构或设计的漏洞往往束手无策。在流行的开源工具 Tomcat 上运行时，面对 26 个常见漏洞，静态分析工具只对其中 4 个漏洞发出了警告。

这些统计数据与 Gartner 论文"应用安全：大胆想象，从关键入手"（Application Security: Think Big, Start with What Matters）中的结论相互呼应。这篇论文提出，"有趣的是，通常认为 SAST 只能覆盖 10%～20%的代码问题，DAST 覆盖另外的 10%～20%。"按照这种观点，如果一个公司自主开发了一个类似于 Tomcat 的工具，并以静态分析为主要手段进行应用安全测试，这意味着大部分常见的安全漏洞遗留在该公司部署的应用中。

静态分析可能无法找出的问题包括以下 4 种。
- 机密数据的存储与传输，尤其是当关于这些数据的程序设定与关于非机密数据的无异时。
- 与身份认证相关的问题。
- 与非标准数据随机选择的熵相关的问题。
- 与数据保密性相关的问题，如数据保持及其他合规性问题（例如，确保信用卡号在显示时是部分掩盖的）。

与普遍观点相反，许多静态分析工具的覆盖缺口隐含着巨大的组织风险。多数公司测试团队或安全团队无法接触源代码，导致 SAST 工具可能无法理解某种特定的语言或框架，再加上大规模部署这一技术及处理错误警报带来的挑战，这一风险变得更高了。尽管静态分析是确保安全开发的重要技术，但是它比不上从建立应用之初就考虑安全问题的策略。公司只有将安全理念融入产品需求与设计，并在研发生命周期的各个阶段以静态分析等技术加以验证，才有可能创造出安全的软件。

1.3.2 代码检测技术

1. 数据流和模式匹配技术

编译技术中的数据流和模式匹配是早期静态检测工具经常采用的分析技术，包括到达定值分析、支配分析、活跃变量分析、静态单赋值等。

这类技术的优点是效率高，算法的复杂度低。静态分析算法对一些基本信息的分析是很有效的，但是这些算法基本上是函数内的，无法处理跨函数分析。此外，算法本身对路径是不敏感的，所以整体上说精度较低。为了克服这一问题，出现了很多辅助技术，如函数内联、摘要技术，尤其是后者使用得相对比较广泛。对于不同的缺陷类型，需要给出的摘要信息往往不一样，并且对于状态比较复杂的程序，摘要信息很难表达完善，可能会丢掉一些信息，并且提高了算法的复杂度。整体来说，数据流分析的精度相对于其他方法还是偏低的。

2. 以符号执行为主的分析技术

符号执行指将程序源代码中变量的值以抽象化符号的形式表示，模拟程序执行，它适用于对路径敏感的程序分析。分析给定路径的有关变量和谓词，依次使用输入的符号表达式替换路径上赋值语句的左部变量及分支谓词的变量，使该路径的分支谓词为关于输入的符号值的等式或不等式，求解这些路径的限制条件，即可产生测试数据。符号执行的目的是分析程序中变量之间的约束关系，不需要指定具体的输入数据，将变量作为代数中的抽象符号处理，结合程序的约束条件进行推理，结果是一些描述变量间关系的表达式。

符号执行是形式化的分析方法，如果不对其加以改进，算法的复杂度会非常高，对复杂程序会发生状态爆炸。为了兼顾精度与效率，研究领域提出了很多改进，典型的包括 Saturn。它采用布尔可满足性的方式对缺陷进行计算求解。对变量值的跟踪指将每个变量的范围均表达成二进制数的形式，这可以简化更多种类型运算。Saturn 的分析是函数内的路径敏感分析，但函数间采用摘要的方式。Clang 采用函数内的符号执行方法进行缺陷检测，对函数间分析给出简单的摘要，在函数内检测精度尚可，但跨函数的分析精度较低。

整体来看，采用符号执行作为基本分析方法是目前大多数静态缺陷工具选择的方法，比基于数据流的方法精度更高，尽管效率（每小时可分析十万行代码到百万行代码）有所下降，但是大多数使用者认为这是可以接受的。

3. 以抽象解释为主的分析技术

抽象解释理论是由 P. Cousot 和 R. Cousot 在 1977 年提出的关于程序静态分析的一种近似理论，其基本方法基于格论。该理论有助于完成程序执行中对所有可能语义信息的计算、提取。为了简化该计算过程，抽象解释会将受检代码中每条语句的影响简单模型化为一个抽象机器的状态变化。相对于受检程序实际系统，抽象机器更容易分析，但其代价是丧失了一定程度的分析完备性（并不是原始受检程序系统中的每种性质在抽象机器中都得以保留）。在抽象解释中，使用一个基于抽象对象域的计算过程逼近基于具体对象域的计算过程，从而使程序抽象执行的结果能够尽量反映出程序真实运行过程中的部分信息。

抽象解释本质上是在计算效率与精度之间取得均衡，通过降低计算精度保证计算可行性，再通过多次迭代计算增强计算精度的一种抽象逼近方法。与定理证明和模型检测技术相比，它既能处理自动定理证明无法解决的问题，又能为模型检测束手无策的逼近求解提供系统性的构造方法和有效算法。总体上说，抽象解释有 3 种实现方式——使用多面体、区间分析及八面体。虽然多面体的分析精度很高，可以表达多个变量之间的关系，但是分析效率较低。

抽象解释理论的形式化方法被广泛应用于大规模软硬件系统，尤其是嵌入式系统的自动分析。

4. 以值流分析为主的分析技术

Thomas Reps 在 1995 年提出了用上下文无关的可达性方式解决函数间数据流分析问题。经过证明，该方法的时间复杂度为节点数目的三次方，精度比传统的数据流分析更高，能较好地兼顾精度与效率。

2008 年，康奈尔大学的 Cherem 等人提出了值流模型，并以此模型作为基本的分析模型，进行内存泄漏检测。该方法是图可达性方法在缺陷检测方面的一个典型应用，虽然其精度较符号执行的精度略有差距，但分析效率明显更高，能较好地兼顾精度与效率。

新南威尔士大学的 Sui 等人在 2012 年对值流图进行了扩展，提出了全稀疏值流图。值流分析模型结合控制流分析、数据流分析中的定值使用及调用关系分析构建了值流图。

值流模型本身包含的信息更多，且通过点与点之间的连线表达变量的定值使用关系，每个值流子图均表达了某个变量到其值发生改变之前的生命周期。

相对于值流模型，值依赖分析模型通过结合指向分析、区间分析等分析方法，使程序模型能够更加准确地表达变量值之间的依赖关系，为缺陷检测提供了更精化的模型，但精度与效率仍有提高的余地。

1.3.3　代码检测的主要方法

1. 静态分析

程序代码的静态分析就是通过检查程序的源代码推测程序运行时的行为信息。静态分析除能够检查指定程序中存在的错误和安全漏洞以外，还能够将优化算法加入代码编译器中，用于程序的优化。那么以何种方式才能够将静态分析用于优化呢？关键的技术就是流分析技术。流分析技术是比较传统的编译器优化技术，能够在保证程序内容真实性的状态下确定一个指定程序节点的相对路径。流分析技术大体上分为数据流分析和控制流分析。

1）数据流分析

数据流分析是一项在编译时使用的技术，它能从程序代码中收集程序的语义信息，并通过代数的方法在编译时确定变量的定义和使用方法。在代码静态分析中，数据流分析是一项可用于分析数据如何沿着程序可能的执行路径转移的技术。数据流分析的前提条件就是基于 IR（Intermediate Representation，中间表示）构造 CFG（Control Flow Graph，控制流图）。

基于数据流分析，我们可以实现多种全局优化。

数据流分析的通用方法是在控制流图上定义一组方程并迭代求解，一般分为正向传播和逆向传播。正向传播就是沿着控制流路径，向前传递状态，将前驱块的值传到后继块。逆向传播就是逆着控制流路径，将后继块的值反向传给前驱块。这里有两个术语——传递函数与控制流约束。传递函数是指基本块的入口与出口的数据流值为两个集合，满足函数关系 f。若正向传播时入口值集为 X，则出口值集为 $f(X)$；若逆向传播时出口值集 X，则入口值集为 $f(X)$。控制流约束是在一条路径的前驱块与后继块之间的数据流值的传递关系。

通过数据流分析，我们不必实际运行程序就能够发现程序运行时的行为，这就可以帮助我们理解程序。数据流分析用于解决编译优化、程序验证、调试、测试、并行、向量化等问题。

2）控制流分析

控制流分析（Control Flow Analysis，CFA）是一种确认程序控制流程的静态代码分析技术。控制流程会以控制流图来表示。对于函数编程语言及面向对象程序设计，控制流分析都是指计算控制流程的算法。

控制流分析旨在生成程序的控制流图，在编译器设计、程序优化分析、代码缺陷分析等领域都有大量应用。对于程序，控制流分析是对源程序或者源程序的中间表示形式的直接操作，用于形成控制流图；数据流分析是在控制流分析后得出的控制流图的基础上，沿着控制流图的路径，对程序中包含数据的变量进行赋值并传递，直至程序完成，变量回收或者未被回收。从逻辑关系来看，控制流分析是先于数据流分析的，控制流分析对数据流分析有着先导性和支持性的作用。

控制流分析根据程序的特点可以分为两类——过程内的控制流分析和过程间的控制流分析。过程内的控制流分析可以简单地理解为对一个函数内部的程序执行流程的分析，而过程间的控制流分析一般情况下指的是对函数的调用关系的分析。针对过程内的控制流分析，有以下两种主要的方法。

- 利用某些程序执行过程中的必经点查找程序中的环，根据程序优化的需求，对这些环增加特定的注释。这种方法最理想的使用方式是借助迭代数据流优化器。

- 区间分析。区间分析包含对子程序整体结构的分析和对嵌套区域的分析。根据分析结果，对源程序进行抽象语法树（Abstract Syntax Tree，AST）的构造。AST 在源程序的基础上按照执行的逻辑顺序，为程序构造一个与源程序对应的树形数据结构。AST 可以在数据流分析阶段发挥关键的作用。当然，不是所有的控制流分析都是简单的，较复杂的控制流分析是基于复杂区间的结构分析，这样的分析可用于确定子程序块中所有的控制流结构。

无论采用上述哪种方法进行控制流分析，都需要先确定子程序的基本块，再根据基本块进行程序控制流图的构造。

首先，利用编译器为待测试程序生成中间指令集合，并根据指令之间的跳转关系划分基本块、生成函数内的控制流图。

其次，从函数内部控制流图出发，依据函数调用指令分析调用关系，构造过程间的控制流图。

最后，逆转基本块的指向关系，构造双向控制流图，出于对大规模程序的分析效率考虑，从缺陷语句所在的基本块开始反向搜索能够有效减少遍历的节点数目。

分析程序的循环结构，循环结构中代码的效率决定了整个程序的效率。绘制程序的控制流图，从控制流图中找出循环。

2. 抽象语法树

抽象语法树简称语法树，是源代码语法结构的一种抽象表示。它以树状的形式表示编程语言的语法结构，树上的每个节点都表示源代码中的一种结构。之所以说语法是"抽象"的，是因为这里的语法并不会表示出真实语法中出现的每个细节。例如，嵌套括号隐含在树的结构中，并没有以节点的形式呈现；而类似于 if...then 这样的条件跳转语句可以使用带两个分支的节点表示。编译器前端、一般的代码优化工具、常见的代码检测工具及现在比较流行的 Fuzzing Test 工具都是基于抽象语法树的。

生成抽象语法树的工具是与开发语言相关的，对于 C/C++ 语言，使用 GNU 提供的标准编译器生成工具 Lex 和 Yacc。根据某种开发语言的语法规则，在 Lex 和 Yacc 中编写规约规则，当输入一段基于该开发语言的源代码时，输出基于该规约规则的语法树。对于 Java 语言，基于 JavaParser 工具生成抽象语法树。

抽象语法树由表示非保留字终结符的叶子节点和表示语法结构的中间节点组成。抽象语法树可以进一步完善，它可以包含表现语义关系的连接，如定义链、类型信息和符号表，并将其视为抽象语法树的节点。这样，最后的抽象语法树将包含所有的编译器前端从源代码得到的相关信息，并且能够完全体现源程序的语法结构。

在整个分析过程中，我们都不断地使用抽象语法树的节点。词法分析（lexical analysis）提供了抽象语法树需要的符号节点，如常量和名字。语法分析（parsing）则提供了包含代表相应语法结构的中间节点的抽象语法树。语义分析（semantic analysis）通过对名字和操作符的处理，将抽象语法树转变为一种包含类型信息和符号表的标准形式，并将它们连接成树形结构。

抽象语法树是编译器前端基本的输出。一般使用面向对象的方法生成抽象语法树。抽象语法树由几种不同类型的节点组成，每种节点代表一种不同的语法结构。定义分层结构的根节点为 translation_unit，产生它的目的仅仅是使抽象语法树有一个根节点。每个节点都包含一个名字来体现类型、一个子链，以及该节点所对应的源代码中的起始位置、结束位置和一系列标志。这些标志标明该节点是否可以响应一个语法或语义错误，以及是否可以在抽象语法树中重复使用。

抽象语法树的节点分为 3 类：

- 在语法分析阶段构造抽象语法树的节点；
- 实现语义分析的节点；
- 实现输出的节点。

我们通过构造抽象语法树的节点可以对其子节点进行增加、删除或替代。

在组织抽象语法树时，我们不仅可以将源代码的位置信息连接到节点上，还可以设置错误标志。这种组织抽象语法树的方法的好处是便于进行语义定义，向编译器前端进行输出。用不同的类封装不同类型的抽象语法节点，有利于存放对应特定语法结构或输出的语义定义。抽象语法树用类的方法自然地将编译器前端分成几个部分。语法分析的输出仅仅是多棵未完成的抽象语法树，它是语义分析的输入。语义分析的输出就是一棵包含符号表和类型信息的完整抽象语法树。该抽象语法树同时又能生成各种形式的输出。

3. 区间分析

区间分析（interval analysis）或值域分析（range analysis）提供程序中变量的取值范围。该分析方法在值依赖图（Value Dependence Graph，VDG）上检测一定范围内节点的数据流，并对循环、条件节点等进行一系列特殊处理。区间分析的结果用于缓冲区溢出、整数溢出、除以零异常等情况的检测。

在区间运算中，常量和变量并不表示为单个精确的值，而表示为一个有上界和下界的区间或范围。在普通的运算中，一个数量可以表示为数轴上的一个点；而在区间运算中，一个数量表示数轴上的一段，例如，[3,5]表示数轴上从 3 到 5 的一段。当将精确的数值表示为区间时，上界与下界是相同的，例如，5 表示为区间，即[5,5]。

4. 值依赖分析

值依赖图是一种基于程序值依赖分析的、路径敏感的空指针解引用检测方法，主要分为守卫值依赖分析和非守卫值依赖分析。值依赖分析方法通过结合数据流分析中的到达定值分析、区间分析及指向分析创建值依赖图。值依赖图刻画了可能产生空指针的语句到其解引用语句的值依赖关系。值依赖图中的边用守卫标注，即描述相邻点之间的到达条件，降低误报率。

值依赖的边连接两个存在依赖关系的节点。值依赖的边是有向边，边的头节点称为定义节点，尾节点称为使用节点。定义节点和使用节点中分别存在一个导致依赖关系的变量，它们分别称为定义变量和使用变量。此外，值依赖的边还存储了定义节点和使用节点之间的到达条件。

值依赖分析技术以程序源代码作为输入，采用数据流分析、指向分析、区间分析等分析技术给出每个变量的值的依赖关系，并以此为基础构建程序表达模型。值依赖分析方法是一种解决跨函数问题的静态分析技术，它改进了值流模型的不足，使模型的表达语义更丰富，模型表达能力更强，分析结果更准确。

5. 指向分析

广义的指向分析包括别名分析、指针分析、形态分析、逃逸分析等。

其中，别名分析可用于分析程序中不同的引用是否可能指向相同的内存区域；指针分析可用于分析某个指针指向的对象或存储位置；在形态分析中，通过构建形态图，分析指针可能指向的对象和对象之间的关系；逃逸分析用于分析变量的可达边界。例如，分析某个变量是否可以在创建它的函数之外访问的问题。

指向分析是一种用于分析指针和内存引用指向的变量或内存地址的技术。指向分析技术是很多更复杂的代码分析技术（如编译优化、代码缺陷检测及指针修改影响分析）的基础。

两种经典指向分析算法为 Steensgaard 算法和 Andersen 算法。Steensgaard 算法的效率较高，其时间复杂度几乎是线性的，但精度低；Andersen 算法则有较高的精度，而其时间复杂度接近 $O(n^3)$。后来的很多指向分析算法可视为这两种算法在精度和效率上的折中。CoBOT 使用的指向分析算法以 Manuvir Das 提出的指向分析算法为基础，结合 C/C++ 语言特性，实现了跨函数的指向分析和等价类计算方法。

指向分析是静态分析中的一个难点。对于任何一个指针/引用，能否在编译阶段就知道它会指向内存中哪块位置（位置在这里并不是 0xFFFF 这样的具体位置，而是指栈/堆上的本地对象）呢？我们不能准确地分析出任何指针会确切指向哪里，但是可以求出近似解，从而在某些情况下做出优化。

在代码静态分析中，指向分析通常与区间分析、别名分析、符号执行等分析方法一同使用，用来发现非法计算、空指针解引用、内存泄漏、变量未初始化、数组越界等缺陷。

别名分析用于判断一个存储区域是否被几个不同的途径访问或者改写。C 语言中的指针以及 Java 语言中的继承、虚函数、反射与变量都属于引用。对指针和引用的分析就是别名分析。编译器中的每一种静态分析其实都用于回答特定的问题，别名分析回答哪些别名指向同一个对象，而数据流分析回答与变量的值相关的问题，并且这些问题还与变量在程序中的位置相关。

6. 符号执行

符合执行是一种使用抽象符号表示程序中的变量、模拟程序执行的程序分析方法。通过构建表示程序执行路径的约束表达式、符号、执行将程序分析问题转换为逻辑域问题。

符号执行可用于测试用例生成、安全漏洞检测等领域。采用符号执行的方法收集关于指令路径的一组约束。将得到的路径约束中的真值依次取反，由约束求解器求出新的输入。不断重复该过程，最终生成一组具有较高代码覆盖率的测试用例。符号执行可以应用到二进制代码中，利用对软件缺陷的检测，为软件缺陷自动生成攻击向量。

在符号执行中，模拟程序执行的目的是分析程序中变量之间的约束关系。不需要指定具体的输入数据，将变量作为代数中的抽象符号处理，并结合程序的约束条件进行推理，结果是一些描述变量间关系的表达式。

符号执行技术的核心思想是使用符号来表示程序的输入数据，并将程序的运算过程逐指令或逐语句地转换为数学表达式，在 CFG 的基础上生成符号执行树，并为每一条路径建立一系列以输入数据为变量的符号表达式。

在符号执行过程中，每当遇到判断语句与跳转语句时，符号执行工具便会将当前执行路径的约束收集到该路径的约束集合中。其中，路径约束是指程序分支指令中与输入符号相关的分支条件的取值，是一系列不具有量词的布尔型公式。路径约束集合则用于存储每一条程序路径上收集到的约束，用"与"操作进行连接，通过使用约束求解器对约束集合进行求解，可以判断路径的可达性。如果有解，表示该条路径可达；否则，表示该条路径不可达。在时间与计算资源足够的情况下，符号执行能够遍历目标程序的所有路径并判断其可达性。

符号执行方法存在路径爆炸和环境交互等问题，难以直接应用于大规模的程序代码分析。路径爆炸由程序中的分支语句导致，传统的符号执行方法需要保存和跟踪每条可能的程序分支状态。随着程序规模的增长，程序分支数目呈指数级增长。对于大规模程序而言，跟踪每条分支在实际应用中是不可行的。因此，基于符号执行的分析方法往往需要使用路径选择算法确定所需要跟踪的程序分支。然而，其代价是降低代码覆盖率，使一些缺陷不能发现。符号执行方法的另一个问题是环境交互，即如何处理涉及系统调用等程序行为的问题。若由操作系统内核直接处理系统调用，符号执行引擎难以获取系统调用结果，其保存的程序状态可能不准确。若符号执行引擎模拟系统调用过程，则需要实现和维护各种复杂的系统调用过程。

7. 程序切片

程序切片技术是一种重要的程序分析技术，被广泛应用于程序的调试、测试、维护等领域。程序中的某个输出只与这个程序的部分语句及控制谓词有关系，因此删除其他的语句或者控制谓词将对这个输出没有任何影响。也就是说，对于一个特定的输出，源程序的作用与删除不相关的语句并控制谓词后所得的程序的作用是相同的。

程序切片主要通过寻找程序内部的相关特性，分解程序，然后对分解所得的程序切片进行分析研究，达到理解和认识整个程序的目的。动态程序切片主要是指在某个给定输入下，源程序执行路径上所有对程序中某条语句或特定变量有影响的语句。

8. 约束求解

约束求解是程序分析问题的一种常用处理手段。许多程序分析问题可以转换为约束求解问题，也就是将程序代码转化为一阶或二阶的约束方程，然后进一步将其转换为符合约束求解器输入的格式，最终得到问题的解。常见的约束求解工具是 SAT Solver，目前还有更进一步的精化约束分析方法。

9. 前后支配分析

前后支配分析是数据流分析的一种，是采用位向量表示支配节点集合，描述采用迭代方式计算控制流图上支配节点集合的算法，也是在支配节点集合的基础上分析直接支配节点、支配边界节点的算法。

10. 布尔可满足性问题

在计算机科学中，布尔可满足性问题（Boolean Satisfiability Problem，SAT，有时也称为命题可满足性问题）是确定是否存在满足给定布尔公式的解释的问题。换句话说，它询问给定布尔公式中的变量是否可以一致地用值 TRUE 或 FALSE 替换。如果公式计算结果为 TRUE，则称公式可满足。如果不存在这样的赋值，即对于所有可能的变量赋值，公式计算结果为 FALSE，则称公式不可满足。例如，公式"a AND NOT b"是可以满足的，因为可以找到值 a = TRUE 且 b = FALSE，使得（a AND NOT b）= TRUE。相反，公式"a AND NOT a"是不可满足的。

11. 程序依赖图

程序依赖图（Program Dependence Graph，PDG）是程序的一种图形表示，它是带标记的有向多重图。程序依赖图是有向图。程序依赖图是软件程序间控制依赖关系和数据依赖关系的图形表示。面向方面的程序是基于面向方面的思想，使用相关的框架或语言工具，实现系统中横切关注点的清晰模块化的程序。程序依赖图是分析和理解程序的基础工具之一，它在面向对象的程序上的应用渐趋成熟，而在面向方面的程序上的应用才刚刚开始。

处理方法是以程序的控制流图为基础，去掉 CFG 的控制流边，加入数据和控制流边。程序依赖图包括数据依赖图和控制依赖图。数据依赖图定义了数据之间的约束关系，控制依赖图定义了语句执行情况的约束关系。

12. 循环摘要

循环摘要是对函数中循环信息的总结。对于循环内的 ICFGNode、getLoopInfo( )方法，程序返回所在最内层循环的循环摘要。为了统一循环格式,检测工具大多把 while 和 for 统一转换成 do...while 形式。

1.3.4 代码检测工具的主要功能

代码检测工具的主要功能如表 1-2 所示。

表 1-2　　　　　　　　　　　　　　代码检测工具的主要功能

功　　能	说　　明
支持多种检测语言	支持 C/C++、Java、Python、PHP、C#、HTML、JavaScript、Objective-C、Swift 等主流开发语言
支持多种编译器	支持 C/C++、Java 等语言的编译器
支持多种检测方式	支持基于源代码的检测或支持编译后的目标代码检测
支持安全编码规则检测	支持国内外常见的编码规范、标准检测
支持运行时缺陷检测	可检测数组越界、内存泄漏、空指针解引用、无限循环、缓冲区溢出、线程死锁等
支持安全漏洞检测	支持 OWASP Top 10、CWE Top 25 和更多 CWE 安全漏洞
支持检测器	允许用户选择检测器
可详细描述缺陷/安全漏洞	检测结果以全中文的形式进行展现,信息详细
可用于定位缺陷/安全漏洞	可直接定位缺陷发生的位置,显示相应的步骤描述
自动跟踪和标记缺陷修复状态,调整严重级别	能够自动跟踪缺陷修复情况,标记缺陷修复状态
可用于查询检测结果	根据关键字、文件、规则、严重级别等查询检测结果
生成检测报告	支持生成 PDF、Word 格式检测报告
管理	支持缺陷/安全漏洞管理等
增量检测	支持增量检测功能
支持对接	支持与 Jira、禅道等缺陷管理系统与项目管理系统对接
支持 IDE 插件	支持 Eclipse、Visual Studio 等编辑器插件安装检测功能
可与 CI 平台集成	支持 Jenkins 等持续集成平台的插件安装、定时检测等

1.3.5 常见的代码检测工具

Fortify、Checkmarx、Klocwork、Coverity、Codesonar、SonarQube、Wukong、CoBOT 等工具都可以作为代码检测工具。目前,很多工具已经专门为做代码检测做了一些优化。例如,Wukong 检测完代码后,可以生成审计报告,对缺陷进行修复后,再次进行审计,生成复审报告。

满足以下条件的工具可以作为代码检测工具。

- 支持 C/C++、Java 等主流开发语言;
- 支持主要的国家和行业中关于代码安全漏洞的标准、指南等;
- 审计的范围可以设定,以根据各种设定审计内容;
- 支持对工具检测结果的人工复核,修改缺陷级别,识别误报等;
- 能够审计报告,报告内容包括详细的缺陷描述。

下面对国内外几款常见的代码检测工具进行简单介绍。

1. Fortify

Fortify 的全称是 Fortify Static Code Analyzer。Fortify 于 2006 年进入中国市场,在国内知名度

较高。Fortify 具有 5 类分析引擎——数据流、语义、结构、控制流、配置流。Fortify 在检测过程中对产生的中间语法树进行分析，匹配所有规则库中的漏洞特征。

Fortify 的优势如下：

- 支持的语言种类多；
- 支持多类安全漏洞检测；
- 侧重于安全漏洞检测；
- 支持规则自定义，包括合规信息的识别；
- 每个漏洞有发生的可能性和严重性两个分类标识；
- 支持注解，通过注解消除误报；
- 可与 Eclipse、Visual Studio、WSAD 等集成。

Fortify 的劣势如下：

- 编译型语言需要编译通过才能检测；
- 不支持增量检测；
- 误报率较高，大多数情况下可能超过 50%；
- 漏报率也较高。

2．Checkmarx

Checkmarx 提供了一个全面的白盒测试安全审计解决方案，帮助企业在软件开发过程中查找、识别、追踪绝大部分主流编码中的技术漏洞和逻辑漏洞。

Checkmarx 的优势如下：

- 无须编译，直接扫描源代码；
- 规则可定制，内置查询语言；
- 支持增量扫描；
- 支持漏洞图解、最佳修复点分析。

Checkmarx 的劣势如下：

- 自定义的规则不灵活；
- 只能部署在 Windows 平台上。

3．Klocwork

Klocwork 支持 C、C++、C#、Java 语言。Klocwork 更侧重于缺陷检测，在安全漏洞检测方面检测能力较弱。

Klocwork 的优势如下：

- 即使编译不通过也允许检测；
- 支持 GIT/SVN 下的增量检测；
- 支持场外分析结果导入后分析；
- 可以定制检测器；
- 支持程序质量度量分析。

Klocwork 的劣势如下：

- 支持的语言较少；
- 自定义的规则难以使用；
- 基于 C-S 架构展示。

4. Coverity

Coverity 是一款综合能力较强的检测工具。

Coverity 的优势如下：

- 与各种外围工具有很多对接类型；
- 内置函数式编程语言，可以自定义检测器；
- 支持的语言超过 20 种；
- 支持超过 70 种框架；
- 支持超过 20 种编译器（主要基于 C/C++语言）；
- 支持编译不通过情况下的检测；
- 支持 SCA 分析。

Coverity 的劣势是需要配置编译器。

5. Codesonar

Codesonar 在国内的销售量不多，主要由于它支持的标准在国内能够使用的只有交通行业。

6. SonarQube

SonarQube 是一款社区版商业工具软件，通过插件形式，支持超过 20 种检测语言。其检测器数量多，但是大多属于安全编码规则类型。

7. Wukong

Wukong 软件源代码安全漏洞修复平台是中国科学院计算技术研究所下属企业研发的一款 SAST 类工具，具有自主专利技术，可用于深度检测安全漏洞。Wukong 不仅支持 OWASP Top 10、CWE 常见缺陷的检测，还支持 GB/T 34943、GB/T 34944 等。

8. CoBOT

CoBOT 是北京大学软件工程国家工程研究中心与北京北大软件工程股份有限公司共同研发的一款 SAST 类工具，支持 10 种语言，能够在编译不通过的情况下进行检测。CoBOT 不仅支持 GJB 8114、GJB 5369、ISO 17961、MISRA 2004、MISRA 2008、MISRA 2012、CERT C、CERT Java 标准，还支持历届 OWASP Top 10、CWE Top 25 及常见 CWE 缺陷。

1.3.6 代码检测工具的评价基准

虽然代码检测工具起步较早，但是行业从业人员对其认知不足。例如，有人认为工具报告出的缺陷越多越好，而国内有些企业利用正则表达式逐行检索代码，实际上，这不仅无法做到跨文件、跨函数的上下文敏感分析，还无法做到污点轨迹分析，这会造成大量的误报。这类工具是不可用的代码检测工具。主流的代码检测引擎则通过模式匹配技术与复写传播等技术开发。

下面是一个 OWASP 案例说明。

OWASP 是开放式 Web 应用安全项目。它提供一个 OWASP Benchmark，这是一个 SAST 工具评价标准套件。它在 GitHub 上有开源的程序，当前版本为 1.2beta。它共有 2740 个安全漏洞示例，包含 11 类 OWASP 安全漏洞类型（见表 1-3）。

表 1-3   OWASP 安全漏洞类型

安全漏洞类型	中文名称	错误示例数	正确示例数
Command Injection (cmdi)	命令行注入	126	125
Weak Cryptography (crypto)	弱密码	130	116
Weak Randomness (hash)	弱哈希	129	107
LDAP Injection (ldapi)	LDAP 注入	27	32
Path Traversal (pathtraver)	路径遍历	133	135
Secure Cookie Flag (securecookie)	Cookie 安全	36	31
SQL Injection (sqli)	SQL 注入	272	232
Trust Boundary Violation (trustbound)	违反信任边界	83	43
Weak Randomization (weakrand)	弱随机	218	275
XPATH Injection (xpathi)	XPATH 注入	15	20
Cross Site Scripting (xss)	XSS	246	209

作者从 OWASP Benchmark 的 SQL 注入漏洞中选择两个案例。

BenchmarkTest00043 是真实漏洞，BenchmarkTest00052 是假漏洞。这两个案例位于 Benchmark 1.2beta 根目录中，如图 1-2 所示。

1	# test name	▼	category	▼	real	▼	cwe	▼
44	BenchmarkTest00043		sqli		TRUE		89	
53	BenchmarkTest00052		sqli		FALSE		89	

▲图 1-2   Benchmark 1.2beta 中的两个案例

首先，打开 BenchmarkTest00043.java 文件，查看代码，如图 1-3 所示。

```
28
29  @WebServlet("/BenchmarkTest00043")
30  public class BenchmarkTest00043 extends HttpServlet {
31
32      private static final long serialVersionUID = 1L;
33
34      @Override
35      public void doGet(HttpServletRequest request, HttpServletResponse response) throws ServletException, IOException {
36          doPost(request, response);
37      }
38
39      @Override
40      public void doPost(HttpServletRequest request, HttpServletResponse response) throws ServletException, IOException {
41          // some code
42          response.setContentType("text/html");
43
44
45          org.owasp.benchmark.helpers.SeparateClassRequest scr = new org.owasp.benchmark.helpers.SeparateClassRequest( request );
46          String param = scr.getTheParameter("vector");
47          if (param == null) param = "";
48
49
50          String sql = "INSERT INTO users (username, password) VALUES ('foo','"+ param +"')";
51
52          try {
53              java.sql.Statement statement = org.owasp.benchmark.helpers.DatabaseHelper.getSqlStatement();
54              int count = statement.executeUpdate( sql, new int[] {1,2} );
55              org.owasp.benchmark.helpers.DatabaseHelper.outputUpdateComplete(sql, response);
56          } catch (java.sql.SQLException e) {
57              if (org.owasp.benchmark.helpers.DatabaseHelper.hideSQLErrors) {
58                  response.getWriter().println("Error processing request.");
59                  return;
60              }
61              else throw new ServletException(e);
62          }
63      }
64  }
```

▲图 1-3   BenchmarkTest00043.java 文件中的代码片段

从上述的程序可以看到，一般检测工具会直接定位到第 54 行，因为这里出现一个特征方法 executeUpdate( )，用于执行 SQL 语句。如果没有上下文分析，则并不能确定这是否为一个真实漏洞。主流检测工具会通过代码切片，在抽象语法树上向后遍历，分析 SQL 参数是否进行注入处理，找到第 50 行，第 50 行不仅实现 SQL 字符串的拼接，还引入 param 变量。在抽象语法树上回溯 param 变量的值，找到第 46 行和第 47 行。第 47 行无入侵可能。在第 46 行中，param 变量的值通过向 scr 对象的 getTheParameter( )方法传递 vector 字符串获得。再向上找到 src 对象，src 对象来自其他类的定义，把 post 报文的请求参数 request 传递给 SeparateClassRequest( )方法。

打开 SeparateClassRequest.java 文件，如图 1-4 所示。

▲图 1-4　SeparateClassRequest.java 文件中的代码片段

在构造函数中，传入了 request 参数，当 src 调用 getTheParameter( )方法时，把 vector 传给形参 p，该方法返回 p 对应的参数值，并没有对传入的参数进行任何处理。经过一系列的回溯和上下文分析，最后确认程序存在着 SQL 注入漏洞。一般使用单文件漏洞扫描无法确认漏洞是否为真实漏洞，但是通过简单的函数名称判断会报出这个漏洞。作为一个专业的评价基准项目，OWASP Benchmark 也考虑了工具对漏洞的分析能力，对于假漏洞，它是否能识别出来呢？

打开 BenchmarkTest00052.java 这个文件，如图 1-5 所示。

▲图 1-5　BenchmarkTest00052.java 文件中的代码片段

与上面的示例一样，在第 55 行发现可能的污点后，回溯到第 49 行和第 46 行。对应的另一个文件中的 getTheValue( )方法如图 1-6 所示。

```
    BenchmarkTest00052.java    ×    SeparateClassRequest.java    ×    BenchmarkTest00043.java    ×

34  >      }
35  >
36  >      public String getTheCookie(String c) {
37  >          Cookie[] cookies = request.getCookies();
38  >
39  >          String value = "";
40  >
41  >          if (cookies != null) {
42  >              for (Cookie cookie : cookies) {
43  >                  if (cookie.getName().equals(c)) {
44  >                      value = cookie.getValue();
45  >                      break;
46  >                  }
47  >              }
48  >          }
49  >
50  >          return value;
51  >      }
52  >
53  >      // This method is a 'safe' source.
54  >      public String getTheValue(String p) {
55  >          return "bar";
56  >      }
```

▲图 1-6　SeparateClassRequest.java 文件中的 getTheValue( )方法

getTheValue( )方法返回的是固定字符串 bar。具有上下文和跨文件分析能力的工具分析到这里，并不会报出漏洞，因为这不存在 SQL 注入的可能。而一般扫描工具无法完成上下文分析，没有生成抽象语法树，更难以完成跨文件分析，自然会报出这个漏洞，但是这是一个假漏洞。

代码检测工具属于 SAST 工具，SAST 工具相对比较成熟，所以针对这类工具，国际上已经有了测试基准和评价标准。工具评价采用约登指数（youden index），也称为正确指数。约登指数等于灵敏度与特异度之和减去 1，即约登指数=灵敏度+特异度−1。

灵敏度（sensitivity）是指检测工具把真实漏洞正确报出的比例。

特异度（specificity）是指检测工具将假漏洞错误报出的比例。

基准测试有 4 种可能的测试结果：

- 工具正确识别真实漏洞（True Positive，TP），称为真阳性；
- 工具无法识别真实漏洞（False Negative，FN），称为假阴性，也就是所谓的漏报；
- 工具正确识别假漏洞（True Negatvie，TN），称为真阴性；
- 工具错误地报出假漏洞（False Positive，FP），称为假阳性，也就是所谓的误报。

灵敏度的计算公式是 TPR= TP / (TP + FN)，该值越大越好。

特异度的计算公式是 1−FPR= FP / (FP + TN)，该值越小越好。

约登指数的计算公式 TPR+（1−FPR）−1=TPR−FPR，该值越大越好。

假设某工具的 TPR 为 0.98，而 FPR=0.05，也就是灵敏度是 0.98，特异度=1−FPR=0.95，则约登指数=0.98+0.95−1=0.93，相当于 93 分。实际上，约登指数=TPR−FPR=0.93。

1.4　软件成分分析工具

软件成分分析（Software Composition Analysis，SCA）专门用于分析开发人员使用的各种源码、模块、框架和库，以识别和确定开源软件（Open Source Software，OSS）的组件及其构成和依赖关系，并识别已知的安全漏洞或者潜在的许可证授权问题，把这些风险排查在应用系统投产之前。SCA 也可用于应用系统运行中的诊断分析。SCA 在 Gartner 2016—2018 年发布的 DevSecOps 中均出现，但每年的关注点不同。在 2016 年的报告中，Gartner 强调的是 DevSecOps 的安全测试和 RASP（Runtime Application Self-Protection，运行时应用自我保护）。2017 年，Gartner 侧重面向开源软件进行安全扫描和软件成分分析。2018 年，Gartner 继续强调针对开源软件的软件成分分析。

在编写程序的过程中，开发人员可能会使用第三方框架，如在 Java 开发中使用 Spring Boot 框架、SSH 或 SSM 框架等，在 C/C++开发中使用 QT 框架等。这些框架有些是开源的，有些是闭源的或称为商业的框架，还可能使用第三方库，以及引入开源组件。对于这些非程序员编写的代码，测试人员往往认为它们是正确的，无须做代码检测，而通常采用黑盒测试方法对其进行测试，测试用例往往覆盖不全面。这就导致在非程序员编写的代码检测方面存在着盲区。

根据 Gartner 的统计，全球使用开源代码的比例以每年 30%的速度增长，80%～90%的企业代码实际上由从公共仓库导入的开源代码构成，开发人员下载开源代码 8 次，就有 1 次引入已知安全漏洞。Synopsys 公司统计，98%的公司甚至不知道它们开发的系统引用的第三方库有哪些，无法轻易追踪和监督纳入项目的开源代码。而对于开源代码，每年报出 4000 个以上的安全漏洞。

在对第三方库和开源框架、开源组件安全漏洞的检测上，前些年，美国的 Black Duck Software、Veracode 和瑞典的 FOSSID 占据大部分市场。2017 年，Black Duck Software 公司被 Synopsys 收购，并被整合到 Synopsys 的 Coverity 产品中。国内的成熟工具只有 CoBOT SCA、FossCheck、开源卫士、KeySwan 及 SmartRocket Scanner。目前这些工具针对开源组件检测的支持较好，但是往往对第三方库和框架的支持不足。开源组件可以从 GitLib 和 GitHub 等开源网站下载，但是第三方库往往是收费的商业库。

1.4.1　软件成分分析工具的原理

相对于 SAST 类工具，软件成分分析工具主要采用已知安全漏洞的模式检测代码中的未知安全漏洞，而 SCA 类工具的原理相对比较简单，主要采用已知安全漏洞所在的开源组件、第三方库、框架等检索代码是否存在已知的安全漏洞。

由于 SCA 类工具的原理比较简单，因此研发该类工具的企业相对较多。研发的难点主要在于开源组件、第三方库、框架的积累，研发人员需要通过爬虫技术从开源网站下载海量的开源组件，以及同一组件的不同版本，检测每一个版本是否存在安全漏洞。如果要保证代码库全面，还需要把大量开源或闭源的第三方库、开源框架纳入代码库。下载代码主要的网站是 GitLib、GitHub、SourceForge、OSCHINA。由于安全漏洞和代码分别存在于不同的网站，主要来自美国 NVD（National Vulnerability Database，国家漏洞数据库）、CNVD（China National Vulnerability Database，中国国家漏洞数据库）、CNNVD（China National Vulnerability Database of Information Security，中国国家信息安全漏洞数据库），因此需要把安全漏洞与代码库的软件成分版本对应起来，这样在检测程序时，对比代码库中代码文件的特征码与被检测程序中文件的特征码，如果目的和源的某一个相关文件的特征码一致，则认为它们来自同一个软件组件，软件成分分析工具会把对应的安全漏洞报出来。

1.4.2 软件成分分析工具使用的关键技术

软件成分分析工具由开源和二进制代码数据层、软件成分数据采集与识别层、软件成分知识层、软件成分分析平台层、代码可控性及风险分析层组成。

1. 多维代码特征提取技术

系统为代码库中的软件代码提取特征值。特征值的提取分为 5 个级别，具体包括函数级、类级、文件级、包级和项目级。根据识别粒度的精度选项，系统可以基于特征值算法建立起相应的特征值索引库，这些特征值索引库为后面的匹配提供基础。

基于建立的分布式存储代码资源库，代码特征库生成技术用于从函数、类、文件、包、项目 5 个方面提取相应级别的特征。提取的特征具有很好的区分性，称为代码指纹。

在函数级别抽取的特征包括函数编号、函数代码的摘要值、函数包含的词法标识、函数的抽象语法树的特征向量、函数的程序依赖图的特征向量、对应源文件开始的行号、对应源文件结束的行号、函数描述文本。原始代码会首先通过词法分析器，提取标识符、常量、关键字、运算符等标识单元，然后利用符号表进行规范化处理，生成函数级指纹。

在类级别抽取的特征包括类编号、类代码的摘要值、类包含的词法标识、类的抽象语法树的特征向量、类的程序依赖图的特征向量、对应源文件开始的行号、对应源文件结束的行号、类描述文本。

在文件级别抽取的特征包括文件编号、文件代码的摘要值、文件包含的词法标识、文件的程序依赖图的特征向量、文件的描述文本。

包是一个汇总特征。在包级别抽取的特征包括包编号、包下属的文件、类和函数特征，以及包的描述文本。

项目也是一个汇总特征。在项目级别抽取的特征包括项目编号、项目下属的包级别的特征，以及项目的描述文本。

基于特征库的匹配算法则从文本、标识、语法、语义 4 个方面进行匹配，称为指纹匹配算法。在每个方面存在 3 种匹配方式：

- 依据摘要的匹配方式；
- 依据特征向量或特征向量哈希值的匹配方式；
- 针对标识袋的部分索引的匹配方式。

对于摘要特征，匹配算法可以精确匹配到相同摘要值的函数、类、文件，以及包含该函数、类、文件的包和项目。

对于词法分析生成的标识袋特征，匹配算法可以利用其部分索引快速定位相似的函数、类、文件，以及包含该函数、类、文件的包和项目。

对于语法分析生成的抽象语法树的特征向量或其哈希值特征，匹配算法可以近似定位目标函数、类，以及包含该函数、类的文件、包和项目。

对于语义分析生成的程序依赖图或值依赖图的特征向量或其哈希值特征，匹配算法可以近似定位目标函数、类，以及包含该函数、类的文件、包和项目。

各个级别对象所使用的特征提取方法如表 1-4 所示。其中，对应级别对象直接使用的特征提取方法用 "√" 表示，通过推导方式提取特征的特征提取方法用 "○" 表示，不适合相应级别对象的特征提取方法用 "×" 表示。

表 1-4　　　　　　　　　各个级别对象所使用的特征提取方法

对象	特征提取方法			
	文本分析	标识分析	语法分析	语义分析
函数	×	√	√	√
类	×	○	○	○
文件	√	○	○	○
包	○	○	○	○
项目	○	○	○	○

函数级别的特征通过标识、语法和语义等特征提取方法提取。

首先，通过标识计算函数特征。将源代码仓库中的代码片段解析为<符号，频数>的集合并存储。而对于二进制代码，首先，要对二进制代码进行反汇编，依据汇编代码提取代码片段集合。每个代码片段有全局唯一的 ID，通过统计所有的符号，生成全局符号频数表。接着，基于"子块重叠过滤"思想，建立部分索引。具体过程如下。

（1）设相似度为 θ，为平衡精确度和召回率，θ 可取 70%。

（2）查询全局符号频数表，将代码片段中的符号按全局频数升序排列。

（3）设代码片段中总符号数为 N，选取前（$N-\theta N+1$）个符号，建立符号-代码片段的反向索引。

其次，通过语法计算函数特征。通过构建源代码函数级别的抽象语法树，以及二进制代码对应汇编代码的控制流图，构建语法级别的特征向量，并将特征向量存入数据库。抽象语法树上的特征分为树的节点个数、深度及树的前向遍历顺序等类别。

函数控制流图上的特征分为如下两类。

- 跳转指令。对于跳转指令，设置个数、位置、跳转目标位置 3 个维度。其中，位置和跳转目标位置使用相对位置进行编码，能够较准确地抽象控制流图中的控制流特征。
- 函数调用指令。该特征能够在一定程度上刻画函数的功能。例如，如果仅调用字符串拼接函数，可能执行的是字符串操作功能。基于控制流图中的跳转指令特征和函数调用特征，以函数为单位计算特征值。这一步将特征向量表示为局部敏感的哈希值。

最后，通过语义计算函数特征。首先，对源代码进行值依赖分析。对于二进制代码而言，仅反汇编是不够的，因为汇编代码在不同的指令架构及不同的操作系统中有不同的结构，这给构建统一的值依赖模型造成困难。为解决这个问题，基于中间语言为二进制代码建立值依赖模型。国际上已存在很多中间语言，如 RREIL、Vine、BAP、LLVM IR 等。这里将基于 RREIL 语言实现二进制代码到中间语言的提升，从而消除指令架构、操作系统等在值依赖上的差异，使用统一的框架分析值依赖关系。对源代码或中间代码对应的中间表示进行进一步的值依赖分析，计算常量值并去除不可达路径，从而将中间代码进一步归一化，按照值依赖的依赖关系（依赖图中的指向关系），构建各依赖子图上的特征向量，存入数据库。

对于二进制代码而言，根据编译选项，同一段源代码可以有多个二进制目标码的表现形式。通常要考虑到几个重要的编译选项类别，如目标平台、调试与否、动态或静态链接，以及其他一些优化选项，而且不同编译器的特点不尽相同。因此，要对二进制的多种编译状态进行函数特征提取，从而判断多个编译器、多个编译选项的二进制文件，实现识别匹配。

如果分析的是面向对象语言的源代码，则类级特征通过函数特征推导出。计算匹配的函数占类中所有函数的比例，根据阈值决定类级的推导结果。

文件级别的特征通过文本特征提取方法提取。具体而言，首先将该项目分解为包和文件，并将包进一步分解为多个文件。文本特征通过 MD5 求得。对于二进制代码，用基于字节流的方式计算 MD5 值。

此外，通过类和函数级别的特征推导文件级别的特征。计算匹配的类和函数占文件中所有类与函数的比例，根据阈值决定文件级的推导结果。

包和项目级别的特征通过文件特征推导。根据上一级别得到的匹配的文件个数，计算匹配的相似度。根据预设的阈值，确定包与项目级别的推导结果。

2. 基于相似哈希的代码特征构建技术

将源代码文件降维为一个特定的指纹，实质上定义了一个 f 维的空间。在这个空间中，每一个源代码文件的特征映射到一个向量。结合各自的权重，对代码的所有特征向量进行加权求和，得到的向量可以表征源代码的特点。考虑到大规模数据的特点，对这个和向量做进一步的压缩转化，最终得到一个 64 位的二进制签名值，即该源代码文件的指纹值。

基于相似哈希的代码特征构建技术主要分为 3 个阶段——预处理阶段、指纹索引阶段、相似匹配阶段。

在预处理阶段，对代码进行特征的筛选和提取，输出指纹值。在指纹索引阶段，根据特定的索引策略将指纹存入相似哈希指纹库中，以便于快速匹配。在相似匹配阶段，对待测项目文件进行一系列处理，查询出溯源检测的结果。

代码中一些无关因素（如空行、空格、注释等）会影响生成的哈希结果。为了提高相似性匹配结果的精确度，需要对源代码进行统一的格式化处理。

为了解决高频特征对低频特征的湮没问题，同时提高整体运行效率，经过多次实验和改进，在特征提取粒度上选择最符合数据特点的行级别，以代码格式化后的每一行作为源代码文件的一个特征值。在特征提取的过程中，通过正则表达式对特征进行筛选，排除一些不含语义的纯符号行。

使用传统的哈希算法 MurMurhash，针对源代码文件的每一个特征计算出一个对应的哈希值（64 位的二进制数串）。

以每个特征出现的频次作为特征的权重进行加权求和：哈希值中的 0 映射到−1，哈希值中的 1 映射到 0，哈希值中每一位与映射的值相乘之后相加即可得到结果序列串。

降维指的是对加权求和后的结果序列串进行变换。对于每一位，若它为正数，则将其变换为 1；否则，将其变换为 0。通过降维，得到最终的相似哈希指纹值。

在指纹索引阶段，对于两个源代码文件，判断它们是否相似的标准是它们之间的汉明距离的大小。在海量的数据集中，寻找与被测代码指纹相近的指纹值的过程是非常耗时的，因此本项目使用了索引优化方法，通过分段索引的方式大幅提高了查询效率。

X 位的指纹值可以表达的数据长度为 $2X$，库中总共包含的指纹数目为 $2Y$，基于数值的随机性，库中的指纹会相对均匀地分布在大小为 $2X$ 的空间中。以数的高 Y 位作为计数器和索引，就能在每次查询中快速地将需要查询的结果定位到一个很小的范围内。最后，依次查看所有符合条件的候选结果，计算汉明距离。

结合抽屉原理和上述理论，这里使用分段索引方法，将每个指纹分成 5 段，长度分别为 13，13，13，12，12，并通过排列组合将其重组作为索引，分别记录在数据库的字段中。这使在相似匹配阶段中被测项目的哈希值能够通过索引快速映射到可能匹配的候选序列，进一步得到溯源结果。在大小为 264 的数据集上，这样的索引方法能够将每次相似搜索的候选序列的范围降低到 26，大幅提高检索效率。

完成以上步骤后，相似哈希指纹库构建完毕，在相似匹配阶段对待测项目进行溯源检测，该阶段的输入为待测项目的源代码，输出为所有指纹库中查询到的与输入项目中代码相似的结果。

首先，与预处理阶段相似，要对文件进行标准化、特征提取及相似哈希指纹生成的操作。然后，类似于指纹索引阶段，要将待查询的相似哈希指纹值分成 5 段，两两排列组合后得到 10 个索引片段，分别与数据库中对应的字段进行精确匹配，匹配的文件即为可能与待测文件相似的文件。最后，为所有候选序列中的哈希值计算海明距离，并汇总最终计算出来的结果。

3. 基于流水线的软件成分鉴别

输入可能同时包含源代码和二进制代码。其中，二进制代码可能由开源代码编译而来，或者是第三方闭源的二进制代码库。为保证高效、高精度的代码识别与匹配，使用流水线。

首先，对代码进行反混淆预处理。然后，按目录结构划分为多个包，每个包下有多个文件。按文件、函数粒度，在文本、标识、语法、语义等方面使用相应方法提取特征。根据特征，进行匹配。最后，在类、文件、包、项目级别综合上一级别的匹配结果，根据相似度阈值，给出该级别的匹配结果。

在文本分析方面，对非代码文本进行模糊特征匹配，对代码文本进行精确特征匹配。如果匹配成功，则直接返回结果，并在包和项目层分别判断匹配结果。如果包中的所有文件完全匹配，项目中的所有包和文件完全匹配，则项目直接匹配成功；否则，进行标识分析。

在标识分析方面，首先将待匹配的代码片段转化为<符号，频数>的表示，并按照全局频数升序排列，选取前 $(N-\theta N+1)$ 个符号，依次查询部分索引，获得可能相似的代码片段并以它们作为候选代码片段。然后，一一验证候选代码片段，获取其<符号，频数>的表示，进一步根据包含的符号数目、重叠符号的位置及符号重叠数目的上界估计过滤。最后，验证剩下的代码片段并以它作为待匹配的代码片段的副本。

在语法分析方面，结合抽象语法树或二进制代码对应的中间代码的控制流图，提取被检项目文件中语法级别的特征向量，具体包括函数跳转和函数调用等特征，通过值表示，并和库中的特征向量进行匹配，进行相似度计算。

在语义分析方面，对源代码及二进制代码对应的中间代码进行值依赖分析，并基于依赖的切片进行子图特征计算，和库中的相应特征进行匹配。无论是否匹配成功，都把匹配结果返回类级和文件级，综合文本、标识和语法级别的匹配结果，依次计算类、文件、包、项目的相似度和匹配结果，从而给出最后的报告。

被检项目源代码的识别在多个语言解析器的支持下工作。根据匹配算法，计算与特征值索引数据库的匹配情况。

4. 基于模式的代码反混淆

目前常见的混淆方法可以分为如下 3 类。

- 布局混淆技术：通过修改代码的排列方式等混淆代码。布局混淆技术通过重叠二进制代码的指令改变了代码布局。例如，对于一段二进制代码 0x8B0x440x240x04 而言，如果从 0x8B 开始反汇编，则结果为 mov 指令；而如果从 0x44 开始反汇编，则结果为 inc 指令和 and 指令。解析起始位置的不同将导致汇编代码的不同。
- 控制流混淆技术：通过修改代码的控制流结构混淆代码。例如，通过使用恒为真的条件对已有控制流进行包装，并向假的分支中插入很多垃圾代码，修改控制流的结构。如果反汇编工具不能识别恒为真的条件，就可能进入另一个分支，继续执行反汇编，而该分支中的垃圾代码可能导致反汇编失败。
- 数据流混淆技术：通过缩减、扩大、分割、合并数组等方式修改数据流，从而对数据进行混淆。通过加减等操作对已有数据进行等价变换，从而对变量进行混淆。

虽然代码混淆技术有效，但是完美的混淆技术是不存在的。目前反混淆技术主要分为一般性反混淆技术和基于混淆模式的反混淆技术。一般性反混淆技术不假设代码使用了混淆技术，而对二进制代码进行更精确的解析。基于混淆模式的反混淆技术是对混淆技术的逆向工程与反向混淆过程，从而有针对性地恢复混淆之前的代码。

使用一般性反混淆技术与基于混淆模式的反混淆技术相结合的方法，实现代码反混淆。

在一般性反混淆技术方面，基于值依赖模型进行代码反混淆，通过在汇编代码上建立值依赖模型，计算出不可达路径、数据常量值等控制流和数据流的信息，从而提高反汇编和反编译的精度。

在基于混淆模式的反混淆技术方面，基于搜索算法优化反混淆精度，通过有机组合各种混淆模式达到最优混淆效果。虽然当前的反混淆技术考虑了特定的混淆模式，但是在混淆模式组合在一起时，它们无法高精度地进行反混淆。我们使用多种反混淆技术相结合的思路，基于搜索算法对反混淆技术进行有效组合，从而实现代码反混淆。

5. 基于值依赖的代码掌控度综合分析技术

值依赖关系可以反映变量的生命周期及变化情况，因此值依赖关系可以以变量追踪的形式分析代码中引入的各个变量，从而构建代码掌控度模型。基于值依赖分析的代码掌控度综合分析分为构建值依赖模型和基于值依赖模型的函数内分析两部分。

构建值依赖模型主要分 3 步。

（1）非守卫值依赖分析。目标是建立变量定义与使用的依赖关系。这种依赖关系可能由函数内的定值与使用构成，别名关系也可能导致定义与使用关系并不是一个变量，而这种别名关系有可能是跨函数的，因此在此阶段引入跨函数的 Mod-Effect 分析。此外，为了解决全局变量对值依赖（对象域）的影响，采用全局分析的方法。

（2）守卫值依赖分析。主要进行值依赖图的守卫构建。在初始值依赖图的基础上，通过分析分支语句及控制流对每条边进行守卫计算，并将计算结果标注在相应的边上。如果未标注，则表示守卫值为 true。

（3）精化值依赖分析。主要进行值依赖图的精化构建。相对于原来的值依赖分析，本项目中，增加了常量传播与常量折叠、对新的依赖关系的归约分析及针对循环的归约分析。

完成值依赖模型构建后，需要进行基于值依赖模型的函数内分析。这主要包括如下部分。

（1）基于值依赖模型的程序切片。由于跨函数，因此值依赖模型并没有建立每个函数的摘要信息。为了在该模型上进行分析，首先需要获取与漏洞相关的节点及路径，去掉与漏洞无关的节点，即对值依赖模型进行切片，以提高分析的效率。

（2）约束表达式预处理。在计算可满足性之前，约束表达式可以通过一些预处理（如复制传播分析、常量传播与折叠、别名指针替换等方法）进一步提高精度和效率。

（3）函数内路径分析。为了降低误报率，在检测算法中必须考虑不合适路径问题。对于不合适路径，采用符号执行方法的处理效果较好，但是吞吐量存在问题。因此，我们在值依赖模型的基础上提出一种新的方法，该方法能够通过扩展约束表达式引入新的约束公式，以增强原有语义的方式，去掉不合适路径所产生的误报。

要根据引入代码的组成和值依赖图分析代码自主研发率，首先确定成功匹配的行数，以这些作为非自主研发的代码部分，然后分别以文件和函数为单位，对非自主研发的部分代码与完整代码求比值。非自主研发的部分代码不在理解、掌握范围内，因此通过分别计算文件级和函数级的自主研发率，得到不同层次的代码掌控度。

分析层（由代码掌控度组成）代表的是代码中掌控的程度及具体内容，包括基于值依赖图的文件级和函数级代码自主研发率分析计算、许可证分析、代码中自主研发部分的前台展示，基于代码成分分析结果，向用户展示用户代码与匹配代码的比对结果。代码掌控度的计算方式与前面类似。

代码来源风险和安全风险分析技术从代码的成分分析结果出发，分析代码的闭源、授权和开源部分后，得到代码掌控度。对不同来源的代码进行分析，对来源不明的代码进行标记，得到代码的来源风险；对不同来源和不同掌控程度的代码进行漏洞挖掘与分析，得到代码的安全风险。

6. 基于搜索引擎的代码与漏洞自动对齐

在这里，我们实现基于搜索引擎的代码与漏洞自动对齐，将由开发商与项目名称构成的键值对映射至指定的一个或者多个下载链接，以此来标识项目是否包含安全漏洞。

具体步骤如下。

（1）抓取当前流行的安全漏洞发布网站发布的安全漏洞信息，并进行实时更新，建立公开的安全漏洞资源数据库。该数据库包含已知的安全漏洞信息和相关的安全漏洞的软件信息。

（2）根据公开的安全漏洞资源数据库，建立包含公开安全漏洞的软件信息数据库。在建立最初，数据库只包含由开发商和项目名称构成的键值对、项目版本及指向的安全漏洞。

（3）以上述键值对为关键词，在指定网站范围（如某些著名开源社区或者二进制仓库）内进行搜索。抓取搜索引擎推荐的搜索结果，进一步完善软件信息数据库，将对应键值对的搜索结果插入数据库。

（4）根据完善之后的软件信息数据库，筛选出符合对齐要求的软件信息并将它设置为可信的，标记它为对齐的数据。

（5）每次更新安全漏洞资源数据库时查找并更新软件信息数据库，以保证其实时性。

通过上述流程，自动建立一个实时更新的安全漏洞信息数据库和软件信息数据库，二者之间以公开的安全漏洞编号作为关联键值。对齐的结果来自搜索引擎的加权结果，取自大量用户的搜索频率和点击频率，经过抽样验证，正确率较高。同时，过滤掉名称相同或者名称格式不规范所带来的文本匹配问题，有效降低误报率。

7. 软件代码搜索的大规模并行处理技术

软件代码搜索的大规模并行处理技术分为高速采集同步技术、分布式存储技术、大规模并行检索技术。

若使用高速采集同步技术，我们需要设计基于知识图谱的软件代码智能目录，通过分布式网络爬虫集群，进行源代码的采集和更新，同时存储基于开源代码本体的元数据。

分布式存储技术实现了软件代码的数据存储机制、分布式数据管理机制、低成本的水平扩展机制，以及分布式数据操作平台和数据仓库平台。代码和代码元数据涉及结构化数据与非结构化数据的存储与融合，对于它们，要研究基于机器学习的异构数据融合机制。为了提供代码版本管理和分布式操作的高层服务，要在 Git 集群和 SSH 服务集群的基础上，结合基于 Redis 和消息队列的分布式缓存机制，设计基于微服务的 Git API。

对于大规模并行检索技术，首先要设计特征库生成方案，在中间表示（文本、标识、抽象语法树、程序依赖图）和特征粒度（函数、类、文件、包、项目）上，设计特征匹配算法；在处理大规模并发上，要将 Spark 引入特征匹配算法中并进行并行优化，结合智能的查询分发机制和基于 Nginx 的负载均衡机制，形成一套大规模分级搜索的算法架构。

1.4.3　SCA 工具技术指标

SCA 类工具的主要功能如下。

- 支持 20 种以上检测语言，支持二进制文件、jar 包和动态链接库检测，支持闭源的二进制文件（.jar、.dll、.exe）检测。
- 代码库具有 500 多万个项目、10 亿多次提交、超过 30 亿个文件、5000 亿行代码，并且上述数据需要在本地安装、部署。
- 安全漏洞库包括 NVD、CNVD、CNNVD，可防止 10 万多个安全漏洞。
- 对于被检测项目，能够实现提供检测项目的版本号、发布时间、检测时间、代码行数及占用的硬盘空间等概要信息。
- 对于被检测项目，能够提供自主研发率、开源组件占比分析、组件匹配情况、部分匹配情况和外部依赖情况信息。
- 对于被检测项目，能够提供包含的全部组件名称、每个组件匹配的文件个数、组件来源及包含的安全漏洞数量，并为用户查看安全漏洞提供向导功能。
- 对于被检测项目，能够提供包含的全部安全漏洞数量及高、中、低等级的安全漏洞数量或占比。
- 对于检测出的每个组件成分，不仅提供当前版本号、发布日期、包含的安全漏洞数量、组件类型，还提供组件对应的最新版本信息，以及建议升级到相应版本的信息，并为用户提供下载的链接。
- 对于检测出的每个组件成分，提供组件许可协议的详细信息，包括简称、风险等级、使用范围、影响项目等，支持 60 种以上的许可证。
- 对于检测出的每个组件成分，提供组件包含的安全漏洞详情，包括安全漏洞 CVE 官方名称、发布日期，安全漏洞对应的 CWE 类型，至少提供 CVSS 2.0 或 CVSS 3.0 中一个通用安全漏洞评分系统的评分，评分包括严重程度、可利用性和影响项目信息。对于每个安全漏洞，提供安全漏洞详情描述、导向 CWE 官方网站的详情页面链接，让用户能够快速掌握安全漏洞信息。
- 支持项目、组件、安全漏洞三者之间的关联分析，既能够通过项目找到组件及其包含的安全漏洞，也能够通过安全漏洞找到存在的组件，以及影响的项目数量、项目名称等信息。
- 支持检索功能，能够根据检测项目的开发语言、检测状态、项目名称、包含的安全漏洞级别等信息项目检索。
- 能够对两个相似项目进行对比检测，通过设定基准项目，分析相同文件、相似文件。
- 能够统计当前用户的项目数量和状态信息、组件语言，所有组件以及其安全漏洞信息、组件开发语言信息，所有安全漏洞及其严重级别统计、受影响项目统计、安全漏洞类型统计等信息。
- 当更新安全漏洞数据后，根据更新的安全漏洞数据检测当前已检测项目，查看是否存在新的安全漏洞。
- 支持使用压缩包、SVN、Git 等代码版本管理工具导入被检测项目。
- 能够进行不同级别（包括文件级、函数级及标识级）的分析，检测速度达到 100 万行/小时。

1.5　如何成为一名代码安全检测工程师

随着安全形势的日益严峻，各企业对代码安全越来越重视，对代码安全人才的需求也日益增多。

要成为一名合格的代码安全检测工程师，需要一些基础条件并不断地学习。

基础条件如下。

- 所学专业是与计算机相关的专业，理解缺陷和安全漏洞原理。
- 了解 C、C++、Java 等语言，能够读懂代码。

具有上面的基础以后，代码安全检测工程师还需要怎么提升自己呢？

（1）阅读关于 OWASP Top 10 的资料。OWASP Top 10 安全漏洞类型是行业事实上的参考依据，是企业重点关注的安全漏洞类型。阅读这些资料对理解安全漏洞非常有帮助。

（2）浏览 CWE 网站。CWE 网站上有大量的缺陷分类信息，包括 CWE Top 25，这些缺陷类型是企业普遍关注的缺陷类型，这些缺陷类型相对于 OWASP Top 10 更侧重于运行时缺陷。

（3）使用本书介绍的代码安全审计/检测方法，分析代码中的缺陷。最佳学习方法是根据安全漏洞表现形式，分析源代码为什么被攻击，找到代码的污点轨迹，再通过源代码检测/审计工具扫描源代码/目标代码，检测出代码缺陷，报出对应的缺陷类型。这非常有利于读者理解问题的原因，提升代码分析能力。

（4）学习目前 CNAS 认证的代码检测标准——GB/T 34943、GB/T 34944 和 GB/T 34946，它们分别是面向 C/C++、Java、C#语言的代码检测标准，每个标准包括几十条缺陷/安全漏洞。

1.6　代码安全审计/检测练习靶场

1. OWASP 基准测试项目（基于 Java 语言）

OWASP 基准测试项目是 OWASP 组织下的一个开源项目，又叫作 OWASP 基准测试项目，是免费且开放的测试套件。它可以用来评估 SAST 类自动化静态分析工具的覆盖范围和准确性。当前版本为 1.2beta，共有 2740 个 Java 真假安全漏洞案例。它们都有对应的源代码，不仅可以进行编译并产生字节码，还可以用于部署演示。

无论是针对源代码的扫描分析类工具，还是面向中间码的扫错分析工具，它们都可以进行用来进行项目案例扫描。通过部署，在应用级别上进行对照渗透测试的输入，从对应代码中查找污点轨迹，这对练习代码检测非常有帮助。可以练习的安全漏洞包括命令行注入、弱密码、弱哈希、LADP 注入、路径穿透、安全 Cookie、SQL 注入、违反信任边界、弱随时值、XPATH 注入、跨站脚本攻击。从 OWASP 官方网站下载 OWASP Benchmark 最新包。

2. Web 漏洞实验的应用平台（基于 Java 语言）

WebGoat 是 OWASP 组织研制出的用于进行 Web 安全漏洞实验的应用平台，用来说明 Web 应用中存在的安全漏洞。WebGoat 运行在安装了 JVM 的平台上。

可演示的安全漏洞包括访问控制、线程安全、操作隐藏字段、操纵参数、弱会话 Cookie、SQL 盲注、数字型 SQL 注入、字符串型 SQL 注入、Open Authentication 失效、危险的 HTML 注释等。部署后，从应用上验证安全漏洞，并且可以对应到源代码上。WebGoat 是开源项目，用户可以从网站上下载 OWASP WebGoat 的源代码，并可以对其进行编译。

3. OWASP Juice Shop（基于 JavaScript 和 HTML 语言）

OWASP Juice Shop 也是 OWASP 项目，以 JavaScript、HTML 语言为主。其中，典型安全漏洞不多，包含 OWASP 的十大安全漏洞。

4. Web 靶场（DVWA，基于 PHP 语言）

在 PHP/MySQL 环境中写的一个 Web 靶场可演示暴力破解、命令注入、跨站请求伪造、文件包含、文件上传、不安全的验证码、SQL 注入、反射型跨站脚本攻击、存储型跨站脚本攻击类型的安全漏洞。

5. Java 测试套件（Juliet，基于 C、C++、Java 语言）

Juliet 由美国国家标准与技术研究院（National Institute of Standards and Technology，NIST）研发和维护。其中有一套 C/C++ 测试套件和一套 Java 测试套件，用于对 SAST 类工具进行基准测试。其中的源代码可以编译。当前版本为 Juliet C/C++ 1.3 版本，全部使用 C/C++ 编写，共有 64000 个测试案例文件，包含 118 个比较典型的 CWE 类型。

第 2 章　C 语言安全标准（一）

2.1　C 语言安全标准产生的背景

《C/C++语言编程安全子集》（GJB 8114—2013）提出了软件编程标准，以提高软件的安全性，并作为静态规则检查的依据。

标准规则有两种分类，一种是强制规则（required rule），另一种是建议规则（advisory rule）。强制规则是软件编程中强制要求编程人员遵循的规则，共有 152 条；建议规则是软件编程中推荐编程人员参照执行的规则，共有 52 条。在这些规则中，个别规则只适用于 C 语言或 C++语言（标准中没有进行区分），不同的编译器有的报错，有的不报错。

2.2　如何理解和使用 GJB 8114 标准

代码审查是最早可以开展的测试活动。在开发过程中，代码审查人员可以通过开评审会的形式开展代码审查工作，也可以由评测中心来统一检测代码。代码审查人员主要检查代码和设计的一致性、代码对标准的遵循情况、代码的可读性、代码逻辑表达的正确性、代码结构的合理性等方面；可以发现违背程序编写标准的问题，程序中不安全、不明确和模糊的部分，找出程序中不可移植的部分、违背程序编程风格的问题。遵守编码规则可以降低代码安全风险，提高程序的可维护性、可靠性。

根据对代码安全影响的程度，我们对编码规则进行分类。例如，有些语言问题产生自正确编译的代码，但某些特殊数据会在代码运行时产生错误，这类错误称为运行时错误。语言能够对可执行代码内部做运行时检查，以检测这样的错误并执行适当的动作。

通常，C/C++编译器和调试器的运行时检查能力比较弱，这也是 C/C++代码短小、有效的原因之一，但是在运行中检查错误就要花费一定的代价。C /C++编译器通常不为某些常见问题提供运行时检查，其中包括数学异常（如除以零）、溢出、指针地址无效、数组越界错误等。因此，C/C++程序难免在运行时发生错误。

C/C++语言高效、灵活，但是非常容易发生错误，如内存溢出、数组越界、空指针解引用等，所以要谨慎地使用 C/C++语言，有时要舍弃一些语言特性。同时，C/C++语言是非常成熟的语言，大量的工业工具（包括静态分析工具）支持 C/C++。运用静态分析工具能够快速、高效地发现代码中的缺陷，再通过人工对查出的缺陷进行逐一核实。工程人员在代码检测中的主要作用是进行与业务相关的代码分析。

依据目前静态分析技术的发展，静态分析工具可以检测编码规则、运行时错误，有的分析工具能够提供控制流图、函数调用图等工程图，这有利于代码审查人员快速了解代码的结构，分析数据流和控制流。

本书可以作为 GJB 8114 的速查手册，也可以作为 C/C++工程人员编写安全代码的参考资料。在工程实践中，工程人员可以参考规则解析中不同等级的影响范围和严重程度进行标准的裁剪。

不同等级的影响范围如下。

- S（系统）级：可能对整个程序运行造成影响，如程序中断、异常、失去响应等。
- M（模块）级：可能对部分功能模块产生影响，如局部代码功能无法完成。
- U（单元）级：可能对某个函数或某个分支产生影响，不会影响其他部分，如分支执行异常。

2.3　C 和 C++的共用规则

2.3.1　声明定义规则

本节所列规则均属于编写代码时的声明定义规则。

1. 强制规则

下面依次介绍强制规则。

R_01_01_01：禁止通过宏定义改变关键字和基本类型含义。

违背这条规则的示例代码如下。

```
#define long 10          //违背
int main(void)
{
    int i=0;
    i=long;
    return 0;
}
```

在定义宏时，禁止使用 C/C++的关键字和基本数据类型定义宏，虽然编译中不报错，但是这种使用方式会降低程序的可读性、可维护性，所以不要采用容易混淆的关键字和基本数据类型名称定义宏。

这类错误在开发过程中出现得相对较少，严重程度低，影响比较小，也可以通过静态分析工具快速定位。

如果不知道或不小心使用关键字和基本数据类型进行了宏定义，则可以通过代码缺陷检测工具检测出缺陷。使用 CoBOT 3.9.3 版本的检测结果如图 2-1[①]所示。

▲图 2-1　使用 CoBOT 3.9.3 版本的检测结果

---

① 把代码复制到代码检测工具中之后，代码可能会在格式上有一些小的变化，如有多余的空格等。

遵循这条规则的示例代码如下。

```
#define LONG_NUM  10            //遵循
int main(void)
{
    int i=0;
    i=LONG_NUM;
    return 0;
}
```

按照正确的示例，重新进行检测，程序不再报错，如图 2-2 所示。

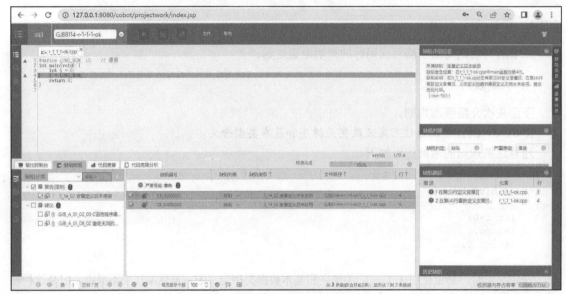

▲图 2-2　重新检测的结果

R_01_01_02：禁止将其他标识宏定义为关键字和基本类型。

违背这条规则的示例代码如下。

```
#define JUDGE if      //违背
#define int64  long   //违背
int main(void)
{
    int64 i=0;
    JUDGE(0==i)
    {
        i=1;
    }
    return 0;
}
```

这条规则指出不要在宏定义中定义关键字和基本类型，否则容易引起二义性。

通过 CoBOT 工具，我们可以发现代码违背 R_01_01_02，如图 2-3 所示。

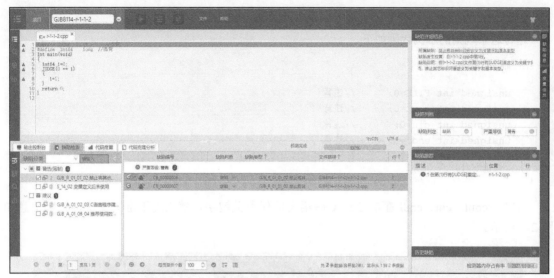

▲图 2-3 代码违背 R_01_01_02

遵循这条规则的示例代码如下。

```
#define JUDGE_ZERO(i) if(0==(i))        //遵循
typedef long  int64;                    //遵循
int main(void)
{
    int64 i=0;
    JUDGE_ZERO(i)
    {
        i=1;
    }
    return (0);
}
```

R_01_01_03：用 typedef 自定义的类型禁止重新定义。

违背这条规则的示例代码如下。

```
typedef int mytype;
int main(void)
{
    typedef float mytype; //违背
    mytype x=1.0;
    return (0);
}
```

第 1 行已经使用 typedef 把 int 定义为 mytype 类型，但是 main( )函数又把 float 定义为 mytype 类型，这造成重复定义。

使用 PCLint 检测上述问题并给出提示信息，如图 2-4 所示。

```
FlexeLint for C/C++ (Unix) Vers. 9.00L, Copyright Gimpel Software 1985-2014
--- Module: simple.cpp (C++)
    1  typedef int mytype;
    2  int main (void)
    3  {
                              _
    4    typedef float mytype;
simple.cpp  4   Warning 578: Declaration of symbol 'mytype' hides symbol 'mytype' (line 1)
    5    mytype x = 1.0;
                   _
    6    return (0);
```

▲图 2-4 PCLint 检测的信息

R_01_01_04：禁止重新定义 C 或 C++ 的关键字。

违背这条规则的示例代码如下。

```c
int main(void)
{
    unsigned int FILE=0;        //违背
    unsigned int cout=0;        //违背
    unsigned int cin=0;         //违背
    unsigned int endl=0;        //违背
    //...
    return (0);
}
```

FILE、cout、cin、endl 都是 C 或 C++ 语言的保留关键字，禁止用于定义变量，缺陷信息如图 2-5 所示。

▲图 2-5　缺陷信息

R_01_01_05：禁止 #define 被重复定义。

违背这条规则的示例代码如下。

```c
#define BLOCKDEF 1U
unsigned int fun1(void);
unsigned int fun2(void);
int main(void)
{
    unsigned int a1=0U;
    unsigned int a2=0U;
    unsigned int a3=0U;
    unsigned int a4=0U;
    a1=fun1();
    a2=a1+BLOCKDEF;
    a3=fun2();
    a4=a3+BLOCKDEF;
    return (0);
}
#define BLOCKDEF 2U     //违背
unsigned int fun1(void)
{
    unsigned int x=0U;
    x=x+BLOCKDEF;
```

```
    return x;
}
unsigned int fun2(void)
{
    unsigned int x=0U;
    x=x+BLOCKDEF;
    return x;
}
```

我们看示例代码就比较容易理解这条规则了，应该将其描述为禁止宏被#define重复定义。对于上面的代码，Visual Studio编译器会给出宏重复定义的警告信息，不同编译器给出的警告信息可能不同。该程序能够执行，但是宏重复定义会造成代码可读性问题，让代码检测人员不能理解为什么如此定义。是开发人员故意为之，还是不小心为之？所以禁止重复定义宏以避免给代码检测人员造成困扰。

在编译宏定义程序时进行宏替换，替换原则是就近原则，也就是在当前使用宏的代码上面查找，查找后进行替换。在示例代码中，main( )函数中的BLOCKDEF都会被替换为1U，而fun1( )函数和fun2( )函数中的BLOCKDEF会被替换为2U。

使用工具检测违背R_01_01_05的示例代码，如图2-6所示。

▲图2-6 使用工具检测违背R_01_01_05的示例代码

建议修改方式是在宏定义之前，使用#undef进行判断，如果没有定义过该宏，则进行定义。示例代码参见图2-7。

```
11      a2 = a1 + BLOCKDEF;
12      a3 = fun2();
13      a4 = a3 + BLOCKDEF;
14      return 0;
15 }
16 #undef BLOCKDEF
17 #define BLOCKDEF 2U
18 unsigned int fun1(void)
19 {
20      unsigned int x = 0U;
21      x = x + BLOCKDEF;
22      return x;
23 }
24 unsigned int fun2(void)
25 {
26      unsigned int x = 0U;
27      x = x + BLOCKDEF;
28      return x;
29 }
```
解释：第(16)行取消对[BLOCKDEF]的定义

▲图2-7 示例代码

R_01_01_06：函数中的#define 和#undef 必须配对使用。

违背这条规则的示例代码如下。

```
unsigned int fun1(void):
unsigned int fun2(void);

int main (void)
{
    unsigned int a1=0U;
    unsigned int a2=0U;
    unsigned int a3=0U;
    a1=fun1();
    a2=fun2();
    a3=a1+a2;
    return (0);
}

unsigned int fun1(void)
{
    unsigned int x=0U;
    #define BLOCKDEF 2U      //违背
    x=x+BLOCKDEF;
    return x;
}

unsigned int fun2 (void)
{
    unsigned int x=0U;
    x=x+BLOCKDEF;
    #undef BLOCKDEF          //违背
    return x;
}
```

这条规则要求#define 和#undef 必须配对使用。

在示例代码中，fun1( )函数定义了宏，即#define BLOCKDEF 2U，但是没有在函数体内用#undef 取消定义；而 fun2( )函数没有用#define 对 BLOCKDEF 进行定义，就直接使用了 BLOCKDEF，而后边对未定义的 BLOCKDEF 取消定义。

严重程度是警告。

使用工具检测违背 R_01_01_06 的示例代码，如图 2-8 所示。

▲图 2-8　使用工具检测违背 R_01_01_06 的示例代码

遵循这条规则的示例代码如下。

```
unsigned intfun1(void);
unsigned intfun2(void);

int main(void)
{
    unsigned int al=OU;
    unsigned int a2-OU;
    unsigned int a3-OU;
    al=fbnl();
    a2=fun2();
    a3=al+a2;
return (0);
}

unsigned int fbnl(void)
{
    unsigned int x=OU;
    #define BLOCKDEF1 2U     //遵循
    x=x+BLOCKDEF 1;
    #undef BLOCKDEF1         //遵循

    return x;
}
unsigned intfun2(void)
{
    unsigned int x=OU;
    #define BLOCKDEF2 2U
    x=x+BLOCKDEF2;           //遵循
    #undef BLOCKDEF2

    return x;               //遵循
}
```

R_01_01_07：以函数形式定义的宏、参数和结果必须用圆括号括起来。

违背这条规则的示例代码如下。

```
#define pabs(x) x>=0?x:-x

int main(void)
{
    unsigned int result;
    int a=6;
    /* ... */
    result=pabs(a) + 1;
    return (0);
}
```

这条规则要求以函数形式定义的宏、参数和结果必须用圆括号括起来。

在示例代码中，用#define 定义了 pabs()函数，参数是 x，但是在使用 x 时未用圆括号括起来，并且整个函数体作为返回结果未用圆括号括起来。

C 及 C++语言允许用一个标识符来表示一个字符串（称为宏），该字符串可以是常数、表达式等。在编译预处理时，程序中所有出现的宏名都用宏定义中的字符串去替代，这称为宏替代或宏展开。宏定义是由源程序中的命令完成的。宏替代是由预处理程序自动完成的。若字符串是表达式，就称为函数式宏定义。函数式宏定义与普通函数有什么区别呢？我们以代码为例展开描述。

函数式宏定义如下。

```
#define MAX(a,b) ((a)>(b)?(a):(b))
```

普通函数如下。

```
MAX(a,b) { return a>b?a:b;}
```

函数式宏定义的参数没有类型，预处理器只负责做形式上的替换，而不做参数类型检查，所以传参时要格外小心。

调用真正函数的代码和调用函数式宏定义的代码编译生成的指令不同。

如果 MAX 是一个普通函数，那么它的函数体 "return a > b ? a : b;" 要编译并生成指令，代码中出现的每次调用也要编译并生成传参指令和 call 指令。如果 MAX 是一个函数式宏定义，这个宏定义本身不必编译并生成指令，但是代码中每次编译、生成的指令都相当于一个函数体，而不是简单的几条传参指令和 call 指令。因此，使用函数式宏定义编译、生成的目标文件会比较大。

使用函数式宏定义要注意格式，尤其是圆括号。

如果将上面的函数式宏定义写成 #define MAX(a, b) (a>b?a:b)，省去内层圆括号，则宏展开后成了 k = (i&0x0f>j&0x0f?i&0x0f:j&0x0f)，运算的优先级就错了。同样道理，这个宏定义的外层圆括号是不能省的。若将函数中的宏替换为 ++MAX(a,b)，则宏展开后就成了 ++(a)>(b)?(a):(b)，运算的优先级也是错的。

使用 PCLint 工具检测上述问题并给出提示信息，如图 2-9 所示。

```
FlexeLint for C/C++ (Unix) Vers. 9.00L, Copyright Gimpel Software 1985-2014
--- Module: simple.cpp (C++)

    1  #define pabs (x) x >= 0 ? x : -x
simple.cpp  1  Info 773: Expression-like macro 'pabs' not parenthesized
    2
    3  int main (void)
    4  {
    5      unsigned int result;
    6      int a = 6;
    7      /* ... */
```

▲图 2-9　PCLint 检测的信息

遵循这条规则的示例代码如下。

```
#define pabs(x) ((x)>=0 ?(x):-(x))        //遵循

int main(void)
{
    unsigned int result;
    int a=6;
    /* ... */
    result=pabs(a) + 1;

    return (0);
}
```

补充的示例代码如下。

```
#define PERIMETER(X, Y)  2*X+2*Y
int main(void)
```

```
{
    int length=5;
    int width=2;
    int height=8;
    int result=0;
    result=PERIMETER(length, width)*height;
    printf("result=%d \n", result);
}
```

上述代码期望通过一个宏先计算一个矩形的周长，然后乘以高，结果应该为 112，但实际计算结果为 42，与预期不符。

在上述代码中，语句"result=PERIMETER(length, width) * height"希望先进行宏定义部分的运算，然后乘以变量 height，但是由于宏替代是在预编译阶段进行的，宏替代本身只是文本替代，上述语句在宏替代后变成了"result = 2 * length + 2 * width * height"，按照运算符优先级，该语句会先做乘法运算再做加法运算，因此运算结果不符合预期。对于用于表达式的宏，在宏定义时给整体语句加上括号是比较保险的做法。

正确的示例代码如下。

```
#define PERIMETER(X, Y)  (2*(X)+2*(Y))
int main()
{
    int length=5;
    int width=2;
    int height=8;
    int result=0;
    result = PERIMETER(length, width)*height;
    printf("result=%d \n", result);
}
```

由于宏替代可能会带来不可预期的结果，因此在使用宏时要非常谨慎。在 C++中尽可能少使用宏，改用其他方式来替代。

下面是几种常见的替代场景。

- 若期望使用宏替代来缩短程序中频繁调用的代码段或函数的执行时间，可以用内联函数替代。
- 若期望使用宏来存储常量，可以用 const 变量替代。
- 若期望使用宏来"缩短"长变量名，可以用引用来替代。

R_01_01_08：结构、联合、枚举的定义中必须定义标识名。

违背这条规则的示例代码如下。

```
struct    //违背
{
    int datal;
    int data2;
}sData;

union    //违背
{
    unsigned char cd[4];
    int id;
}uData;

enum    //违背
{
```

```
        A_Level=0;
        B_Level;
        C_Level;
        D_Level;
}    eLevel;

int main (void)
{
        eLevel=B_Level;
        sData.datal=2000;
        uData.id=sData.datal;
        return (0);
}
```

这条规则要求在定义结构、联合、枚举的时候定义标识名。

这条规则与 C/C++的语法有关，例如，结构的定义如下。

```
struct Student
{
        int a;
};
```

这相当于只定义了结构类型 Student。

如果需要声明变量，则用如下形式。

```
Student stu2;
```

这里 stu2 是结构类型 Student 的一个变量。

另外，还有以下一种定义方式。

```
struct Student
{
        int a;
}stu1;//stu1 是一个变量
```

这里先定义了结构类型 Student，后定义了一个变量 stu1，于是我们就可以直接用 stu1 这个变量了，示例代码如下。

```
stu1.a;
```

当然，这还可以用 typedef 定义。

```
typedef struct Student
{
        int a;
}stu2; //stu2 是结构类型
stu2 s2;
s2.a;
```

对于前一种定义方式，在使用时，我们可以直接访问 stu1.a。对于后一种定义方式，我们必须首先使用 stu2 s2，然后使用 s2.a=10。

在使用这两种定义方式时必须仔细，但不管使用哪一种定义方式，结构的名字（也就是规则里提到的标识名）都是必须定义的。

使用工具检测违背 R_01_01_08 的示例代码，如图 2-10 所示。

▲图 2-10　使用工具检测违背 R_01_01_08 的示例代码

遵循这条规则的示例代码如下。

```
struct S_Data      //遵循
{
    int datal;
    int data2;
}sData;

union U_Data      //遵循
{
    unsigned char cd[4];
    int id;
}uData;

enum E_Level      //遵循
{
    A_Level=0,
    B_Level,
    C_Level,
    D_Level
}eLevel;

int main (void)
{
    eLevel=B_Level;
    sData.data1=2000;
    uData.id=sData.data1;
    return (0);
}
```

R_01_01_09：结构定义中禁止包含无名结构。

违背该规则的示例代码如下。

```
struct Sdata
{
    unsigned char id;

    struct Scoor
    {
```

```
        unsigned char xs;
        unsigned char ys;
        unsigned char zs;
    };       //违背
};

int main(void)
{
    struct Sdata data;
    data.id=1;
    return (0);
}
```

这条规则其实与 R_01_01_08 类似，但是这次不是标识名的问题，而要求在定义嵌套结构时，内层结构不能缺少变量名。

遵循这条规则的示例代码如下。

```
struct Sdata
{
    unsigned char id;
    struct Scoor
    {
        unsigned char xs;
        unsigned char ys;
        unsigned char zs;
    }scoor;      //遵循
};

int main(void)
{
    struct Sdata data;
    data.id=1;
    return (0);
}
```

R_01_01_10：位定义的有符号整型变量的位长必须大于 1 位。

违背该规则的示例代码如下。

```
typedef struct
{
    signed int si01:1;      //违背
    signed int si02:2;
    unsigned int serv:29;

}sData;

int main (void)
{
    sData my_data;
    my_data.si01=-i;
    my_data.si02=-1;
    return (0);
}
```

这条规则要求位定义的有符号整数变量的位长必须大于 1 位。

在存储时，有些信息并不需要占用完整的 1 字节，而只需占几位或一位。例如，在存放一个开关量时，开关量只有 0 和 1 两种状态，用一位即可。为了节省存储空间，并方便处理，C 语言又提供了一种数据结构——位域（或位段）。

位域用于把 1 字节中的二进制位划分为几个不同的区域，并说明每个区域的位数。每个域有一个域名，允许在程序中按域名进行操作。于是，我们就可以把几个不同的对象用 1 字节的二进制位域来表示。

位域定义与结构定义相似，其形式如下。

```
struct 位域结构名
{ 位域列表 };
```

其中，位域列表的形式如下。

```
类型说明符 位域名:位域长度
```

示例代码如下。

```
struct bs
{
    int a:8;
    int b:2;
    int c:6;
};
```

位域变量的声明方式与结构变量的声明方式相同，有先定义后声明、同时定义和声明、直接声明 3 种方式。示例代码如下。

```
struct bs
{
    int a:8;
    int b:2;
    int c:6;
}data;
```

data 为 bs 变量，共占 2 字节（这里假定 int 类型的长度为 16 位，通常 int 类型的长度是 32 位）。其中，位域 a 占 8 位，位域 b 占 2 位，位域 c 占 6 位。

对于位域的定义，还有以下几点说明。

首先，一个位域必须存储在同一个单元中，不能跨两个单元。如果一个单元所剩空间不够存放另一个位域，则应从下一单元开始存放该位域，也可以有意使某位域从下一单元开始。示例代码如下。

```
struct bs
{
    unsigned a:4;
    unsigned :0;
    unsigned b:4;
    unsigned c:4;
};
```

在这个位域的定义中，a 占第 1 字节的 4 位。在后 4 位填充 0（表示不使用）；b 从第 2 字节开始，占 4 位；c 占 4 位。

其次，位域可以无名称，这时它只用作填充或调整位置。无名位域是不能使用的。示例代码如下。

```
struct k
{
    int a:1;
    int :2;
    int b:3;
    int c:2;
};
```

从以上分析可以看出，位域在本质上就是一种结构类型，不过其成员是按二进制位分配的。

简而言之，这是位域操作的表示方法，也就是说，后面加上"：1"的意思是这个成员占所定义类型的 1 位，"：2"占 2 位，依此类推。当然，成员大小不能超过所定义类型包含的总位数。1 字节相当于 8 位。例如，在结构中定义的类型是 u_char，占 1 字节，共 8 位，它就不能超过 8 位。在 32 位计算机中，short 类型的长度是 2 字节，共 16 位，它就不能超过 16 位，int 类型的长度是 4 字节，共 32 位，它就不能超过 32 位，以此类推。

在上述违背 R_01_01_10 的示例中，si01 是有符号整型，长度至少是 2 位，因此，提示位定义的有符号整型变量的位长必须大于 1。

使用工具检测违背 R_01_01_10 的示例代码，如图 2-11 所示。

▲图 2-11　使用工具检测违背 R_01_01_10 的示例代码

遵循这条规则的示例代码如下。

```c
typedef struct
{
    signed int si01:2;   //遵循
    signed int si02:2;
    unsigned int serv:28;
}sData;

int main(void)
{
    sData my_data;
    my_data.si01=-1;
    my_data.si02=-1;
    return (0);
}
```

R_01_01_11：对于位定义的整型变量，必须明确变量是有符号的还是无符号的。

违背这条规则的示例代码如下。

```c
typedef struct
{
    short d01:2;      //违背
```

```
    short d02:2;      //违背
    short res:12;     //违背
}sData;
int main(void)
{
    sData my_data;
    my_data.d01=1;
    my_data.d02=1;
    my_data.res=0;
    return (0);
}
```

使用工具检测违背 R_01_01_11 的示例代码，如图 2-12 所示。

▲图 2-12　使用工具检测违背 R_01_01_11 的示例代码

遵循这条规则的示例代码如下。

```
typedef struct
{
    signed short d01:2;
    unsigned short d02:2;
    unsigned short res:12;
}sData;
int main(void)
{
    sData my_data;
    my_data.d01=1;
    my_data.d02=1;
    my^data.res=0;
    return (0);
}
```

R_01_01_12：位定义的变量必须是同长度的类型且要定义位禁止跨越类型的长度。

违背这条规则的示例代码如下。

```
typedef struct
{
    unsigned char   d01:2;
    unsigned char   d02:2;
    unsigned char   d03:2;
    unsigned short  d04:2;     //违背
```

```
}stData1;
typedef struct
{
    unsigned short d01:2;
    unsigned short d02:2;
    unsigned short d03:2;
    unsigned short d04:12;        //违背
    unsigned short d05:2;
    unsigned short d06:2;
    unsigned short d07:2;
    unsigned short d08:8;
}stData2;
int main(void)
{
    stData1 my_data1;
    stData2 my_data2;
    return (0);
}
```

使用工具检测违背 R_01_01_12 的示例代码，如图 2-13 所示。

▲图 2-13　使用工具检测违背 R_01_01_12 的示例代码

遵循这条规则的示例代码如下。

```
typedef struct
{
    unsigned char d01:2;
    unsigned char d02:2;
    unsigned char d03:2;
    unsigned char d04:2;        //遵循
}stData1;
typedef struct
{
    unsigned short d01:2;
    unsigned short d02:2;
    unsigned short d03:2;
    unsigned short d04:10;      //遵循
    unsigned short d05:2;
    unsigned short d06:2;
    unsigned short d07:2;
```

```
    unsigned short d08:10;
}stData2;
int main(void)
{
    stData1 my_data1;
    stData2 my_data2;
    return (0);
}
```

R_01_01_13：函数声明中必须对参数类型进行声明，并带变量名。

违背这条规则的示例代码如下。

```
int   fun1();              //违背
int   fun2(int, int);      //违背
int main(void)
{
    int a, b, c, d;
    a=10;
    b=5;
    c=fun1(a, b);
    d=fun2(a, b);
    return (0);
}
int fun1(int a, int b)
{
    int ret;
    ret=a+b;
    return ret;
}
int fun2(int a, int b)
{
    int ret;
    ret=a-b;
    return ret;
}
```

使用工具检测违背 R_01_01_13 的示例代码，如图 2-14 所示。

▲图 2-14　使用工具检测违背 R_01_01_13 的示例代码

遵循这条规则的示例代码如下。

```
int  fun1(int a,int b);      //遵循
int  fun2(int a,int b);      //遵循
int main (void)
{
    int a, b, c, d;
    a=10;
    b=5;
    c=fun1(a, b);
    d=fun2(a, b);
    return (0);
}
int fun1(int a, int b)
{
    int ret;
    ret=a+b;
    return ret;
}
int fun2(int a, int b)
{
    int ret;
    ret=a-b;
    return ret;
}
```

R_01_01_14：函数声明必须与函数原型一致。

注意，一致性要求包括函数类型、参数类型、参数名。

违背这条规则的示例代码如下。

```
int fun1(short height);
float fun2(int height);
int fun3(int height);
int main(void)
{
    int i, j1, j2, j3;
    i=1000;
    j1=fun1(i);
    j2=fun2(i);
    j3=fun3(i);
    return (0);
}

int fun1(int height)
{
    int h;
    h=height+10;
    return h;
}

int fun2(int height)
{
    int h;
    h=height-10;
    return h;
}
```

```
int fun3(int width)
{
    int w;
    w=width-10;
    return w;
}
```

遵循这条规则的示例代码如下。

```
int fun1(int height);
int fun2(int height);
int fun3(int height);

int main(void)
{
    int i, j1, j2, j3;
    i=1000;
    j1=fun1(i);
    j2=fun2(i);
    j3=fun3(i);
    return (0);
}

int fun1(int height)
{
    int h;
    h=height+10;
    return h;
}

int fun2(int height)
{
    int h;
    h=height-10;
    return h;
}

int fun3(int width)
{
    int w;
    w=width-10;
    return w;
}
```

R_01_01_15：函数中的参数必须使用类型声明。

违背这条规则的示例代码如下。

```
int fun(height)   //违背
{
    int h;
    h=height+10;
    return h;
}
int main(void)
{
    int i, j;
    i=1000;
    j=fun(i);
    return (0);
}
```

使用工具检测违背 R_01_01_15 的示例代码，如图 2-15 所示。

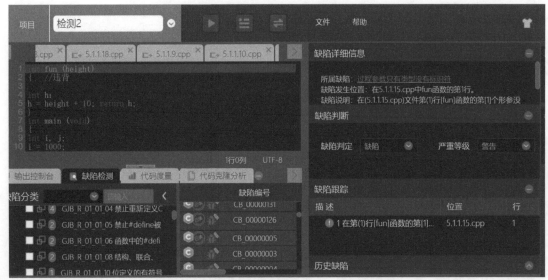

▲图 2-15　使用工具检测违背 R_01_01_15 的示例代码

遵循这条规则的示例代码如下。

```c
int fun(int height)
{
    int h;
    h=height+10;
    return h;
}
int main(void)
{
    int i, j;
    i=1000;
    j=fun(i);
    return (0);
}
```

R_01_01_18[①]：数组定义不能没有显式的边界。

违背这条规则的示例代码如下。

```c
int main(void)
{
    int array[]={0, 1, 2};          //违背
    int i;
    int data=0;
    for(i=0;i<3;i++)
    {
        data=data+array[i];
    }
    return (0);
}
```

---

① 部分规则省略了，这里的编号与国标中编号一致。

使用工具检测违背 R_01_01_18 的示例代码，如图 2-16 所示。

▲图 2-16　使用工具检测违背 R_01_01_18 的示例代码

遵循这条规则的示例代码如下。

```
int main(void)
{
    int array[3]=(0,1,2);      //遵循
    int i;
    int data=0;
    for(i=0;i<3;i++)
    {
        data=data+array[i];
    }
    return (0);
}
```

R_01_01_19：禁止使用 extern 声明初始变量。

违背这条规则的示例代码如下。

```
//文件1
int a;
//文件2
extern int a=2;      //违背
int main(void)
{
    a=3;
    return (0);
}
```

使用工具检测违背 R_01_01_19 的示例代码，如图 2-17 所示。

▲图 2-17 使用工具检测违背 R_01_01_19 的示例代码

遵循这条规则的示例代码如下。

```
//文件 1
int a=2;
//文件 2
extern int a;
int main(void)
{
    a=3;
    return (0);
}
```

R_01_01_20：用于数值计算的字符型变量必须明确定义是有符号的还是无符号的。

违背这条规则的示例代码如下。

```
int main(void)
{
    char i;                  //违背
    int j;
    i=(char)0xFF;      //违背
    j=i+1;
    return (0);
}
```

使用工具检测违背 R_01_01_20 的示例代码，如图 2-18 所示。

▲图 2-18 使用工具检测违背 R_01_01_20 的示例代码

遵循这条规则的示例代码如下。

```
int main(void)
{
    unsigned char i;            //遵循
    int j;
    i=(unsigned char) 0xFF;     //遵循
    j=i+1;
    return (0);
}
```

R_01_01_21：禁止在#include 语句中使用绝对路径。

违背这条规则的示例代码如下。

```
#include "D:\RuleStandard\053\053.h"      //违背
int main(void)
{
    idata=0;
    return (0);
}
```

使用工具检测违背 R_01_01_21 的示例代码，如图 2-19 所示。

▲图 2-19 使用工具检测违背 R_01_01_21 的示例代码

遵循这条规则的示例代码如下。

```
#include "..\053\053.h"        //遵循
int main(void)
{
    idata=0;
    return (0);
}
```

R_01_01_22：禁止头文件重复包含。

违背这条规则的示例代码如下。

```
//文件 file1.h
int a;

//文件 file2.h
#include "file1.h"

//文件 3
#include "file2.h"
#include "file1.h" //违背
int main(void)
{
    a=3;
    return (0);
}
```

遵循这条规则的示例代码如下。

```
//文件 file1.h
int a;
//文件 file2.h
#ifndef FILE1_H
#define FILE1_H
#include "file1.h"
#endif
//文件 3
#include "file2.h"
#ifndef FILE1_H
#define FILE1_H
#include "file1.h"                    //遵循
#endif
int main(void)
{
    a=3;
    return (0);
}
```

R_01_01_23：当函数参数表为空值时，必须使用 void 明确说明。

违背这条规则的示例代码如下。

```
int fun();                  //违背
int datax=0;
int datay=0;
int main(void)
{
    int iz;
    datax=1;
    datay=2;
    iz=fun();
```

```
    return (0);
}
int fun()                        //违背
{
    int temp;
    temp=2*datax+3*datay;
    return temp;
}
```

使用工具 PCLint 检测上述问题并给出提示信息，如图 2-20 所示。

```
FlexeLint for C/C++ (Unix) Vers. 9.00L, Copyright Gimpel Software 1985-2014
--- Module: simple.cpp (C++)

    1  int fun();
simple.cpp  1   Info 1717:  empty prototype for function declaration, assumed '(void)'
    2  int datax = 0;
    3  int datay = 0;
    4  int main (void)
    5  {
    6      int iz;
    7      datax = 1;
    8      datay = 2;
    9      iz = fun();
```

▲图 2-20　PCLint 检测的信息

使用 CoBot 检测违背 R_01_01_23 的示例代码，如图 2-21 所示。

▲图 2-21　使用 CoBot 检测违背 R_01_01_23 的示例代码

遵循这条规则的示例代码如下。

```
int fun(void);        //遵循
int datax=0;
int datay=0;
int main (void)
{
    int iz;
    datax=1;
    datay=2;
    iz=fun();
    return (0);
}
```

```
int fun(void)        //遵循
{
    int temp;
    temp=2*datax+3*datay;
    return temp;
}
```

2. 建议规则

A_01_01_01：建议使用 typedef 对基本变量类型重新定义。

遵循该规则的示例代码如下。

```
typedef unsigned int   UINT_32;
typedef int            SINT_32;
typedef unsigned short UINT_16;
typedef unsigned char  UCHAR;
typedef float          FLOAT_32;
typedef double         FLOAT_64;
```

本规则建议使用 typedef 对基本变量类型重新定义。这里重新定义的并不是一种新类型。使用 typedef 重新定义基本变量类型一般可达到以下目的。

首先，用 typedef 定义一种类型的别名，这样可以用别名来连续定义变量，而不是简单的宏替换，示例代码如下。

```
typedef char* PCHAR;
PCHAR pa, pb;
```

在 C 语言中定义一个结构之后，在使用结构的时候还要加上 struct 关键字才能定义变量，这样会比较麻烦，而使用 typedef 定义之后，就可以不用写 struct 关键字，示例代码如下。

```
typedef tagPOINT
{
    int x;
    int y;
}POINT;
POINT p1;
```

当然，在 C++语言中不用这样，因为在 C++语言中使用结构的时候不需要加 struct 关键字。

此外，用 typedef 来定义与平台无关的类型。例如，若某个跨平台的项目需要统一使用双精度浮点型，而一些平台上可能没有办法实现，或者实现方法不同，开发人员就可以根据平台定义自己的类型。

其次，用 typedef 使复杂的定义简单化，常用的就是给函数指针定义一个别名。

总体来说，typedef 并不是"发明"了一种新的类型，而是定义了一种类型的别名，旨在方便使用。

A_01_01_02：防止宏中大括号不匹配造成使用上的误解。

说明性示例代码如下。

```
#define IF0(x)  if(0==(x))  { //提示
int main (void)
{
    int test=0;
    IF0(test)
      test=test+1;
```

```
    }
    return (0);
}
```

本规则提示我们要防止宏中大括号不匹配造成使用上的误解。

在上述示例中，第一行末尾的大括号其实是与代码最后一行的大括号配对的，这会导致使用上的误解。

遵循这条规则的示例代码如下。

```
#define IF0(x) if(0==(x))     //遵循
int main(void)
{
    int test=0;
    IF0(test)
    {
        test=test+1;
    }
    return (0);
}
```

A_01_01_03：在宏定义中谨慎使用##或#。

##是一个连接符号，用于把参数连在一起。

示例代码如下。

```
#define  FOO(arg) my##arg
```

其中，FOO(abc) 相当于 myabc。

#是"字符串化"的意思。出现在宏定义中的#用于把其后面的参数转换成一个字符串。

示例代码如下。

```
#define STRCPY(dst, src) strcpy(dst, #src)
```

其中，STRCPY(buff, abc) 相当于 strcpy(buff, "abc")。

A_01_01_04：建议在函数体开始处统一定义函数内部变量。

在函数开头统一定义函数内部变量的目的是便于修改。

在 C 语言中，变量只能在函数的开头处定义。在函数中要用到的变量必须要在开头处定义。

而在 C++语言中，只要在用到变量前对变量进行定义即可，对定义变量的位置不做特别要求。从规范角度，为了防止出错、便于修改等，建议在函数体开始处统一定义变量。

A_01_01_05：建议结构嵌套定义不超过 3 层。

若结构嵌套定义超过 3 层，就会导致指针过长，造成难以理解和使用。

A_01_01_06：建议用宏或 const 定义常数。

用宏或 const 定义常数的好处如下。

- 让代码更加易懂。给常数定义一个适当的、意义直观的名字，可以让代码更加清晰、易懂，可读性更强。
- 方便维护代码。例如，圆周率取值 3.14159，如果你认为这个值的精度不够，想将其改为3.1415926，那么你只需要修改一处宏，而不需要修改代码中的所有圆周率值。

2.3.2　版面书写规则

本节所列强制规则均属于编写代码时的版面书写规则。

R_01_02_01: 循环体必须用大括号括起来。

违背这条规则的示例代码如下。

```
int main(void)
{
  int i;
  int data[10];
  for (i=0;i<10;i++)
      data[i]=0;    //违背
  return (0);
}
```

这条规则要求循环体必须用大括号括起来。

如果循环体有一条以上语句，则循环体需要用大括号括起来；如果循环体只有一条语句，则省略大括号。然而，为了严谨，规定循环体用大括号括起来。

加大括号的作用是让编译器知道循环体的范围，减少错误，因为很可能在代码初步完成后，在循环中添加代码，使循环体中的语句超过一条，而忘记添加大括号。

使用工具检测违背 R_01_02_01 的示例代码，如图 2-22 所示。

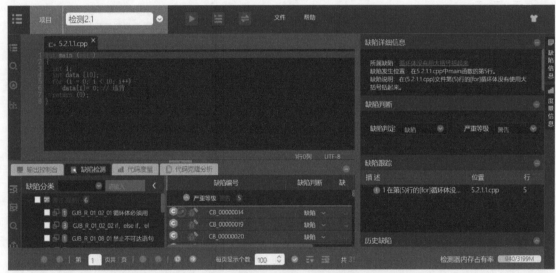

▲图 2-22 使用工具检测违背 R_01_02_01 的示例代码

遵循这条规则的示例代码如下。

```
int main(void)
{
    int i;
    int data[10];
    for (i=0;i<10;i++)
    {
        data[i]=0;    //遵循
    }
    return (0);
}
```

R_01_02_02: if、else if、else 必须用大括号括起来。

违背这条规则的示例代码如下。

```c
int main(void)
{
    int i=0;
    int j;
    // ...
    if(0==i)
        j=1;           //违背
    else if(1==i)
        j=3;           //违背
    else
        j=5;           //违背
    return (0);
}
```

这条规则要求 if、else if、else 必须用大括号括起来。

与 R_01_02_01 的要求类似，只是 R_01_02_02 的作用范围不是循环体，而是判断分支的作用范围。

使用工具检测违背 R_01_02_02 的示例代码，如图 2-23 所示。

▲图 2-23　使用工具检测违背 R_01_02_02 的示例代码

遵循这条规则的示例代码如下。

```c
int main(void)
{
    int i=0;
    int j;
    // ...
    if(0==i)
    {
        j=1;           //遵循
    }
    else if(1==i)
    {
        j=3;           //遵循
    }
    else
```

```
    {
        j=5;            //遵循
    }

    return (0);
}
```

　　R_01_02_03：禁止在头文件前有可执行代码。
　　违背这条规则的示例代码如下。

```
int main(void)
{
    #include"..\061\06I.h"      //违背
    int ix=0;
    int iy=1;
    int iz=2;
    idata=ix+iy+iz;
    return (0);
}
```

　　这条规则要求在头文件前不能有可执行代码。
　　include 头文件的作用是在代码执行之前，将头文件的数据读入，在之后的代码执行过程中，如果程序需要用到该头文件中的函数或者类等，就可以直接使用；如果程序没有读入头文件而在代码执行过程中直接用该头文件中的函数或类等，则程序在执行过程中会报错。
　　在上述示例中，在 main( )函数中读入头文件，违反了规则的要求。
　　使用工具检测违背 R_01_02_03 的示例代码，如图 2-24 所示。

▲图 2-24　使用工具检测违背 R_01_02_03 的示例代码

　　遵循这条规则的示例代码如下。

```
#include"..\061\06I.h"                              //遵循

int main(void)
{
    int ix=0;
    int iy=1;
    int iz=2;
    idata=ix+iy+iz;
```

```
    return (0);
}
```

R_01_02_04：引起二义性理解的逻辑表达式必须使用小括号显式说明优先级顺序。

违背这条规则的示例代码如下。

```
int main(void)
{
    int i=0, j=1, k=2;
    int a=0, b=0;
    //...
    if((0==i)||(1==j)&&(2==k))    //违背
    {
        a=0;
    }
    else
    {
        a=1;
    }
    return (0);
}
```

这条规则要求引起二义性理解的逻辑表达式必须使用小括号显式说明优先级。

在上述示例中，||与&&的运算优先级没有明确，这容易引起理解的二义性。

可能引起二义性的逻辑表达式示例如下。

- a && b || c。
- a || b && c。
- !a&& b。
- !a || b。

使用工具检测违背 R_01_02_04 的示例代码，如图 2-25 所示。

▲图 2-25　使用工具检测违背 R_01_02_04 的示例代码

遵循这条规则的示例代码如下。

```
int main(void)
{
    int i=0, j=1, k=2;
```

```
    int a=0,b=0;
    //...
    if((((0==i)||(1==j))&&(2==k))     //遵循
    {
        a=0;
    }
    else
    {
        a=1;
    }
    return (0);
}
```

R_01_02_05：逻辑表达式中的运算项必须使用小括号括起来。

违背这条规则的示例代码如下。

```
int main(void)
{
    unsigned int i, tbc;
    tbc=0x80;
    if(tbc&0x80==0x80 )                    //违背
    {
        i=1;
    }
    else
    {
        i=2;
    }
    return (0);
}
```

这条规则要求逻辑表达式中的运算项必须使用小括号括起来，以便正确理解。

C/C++语言中的运算优先级默认从高到低，具体如下。

- ( )、[ ]、.、->。
- !、~、-（负号）、++　--、&（取变量地址）、*（type）（强制类型）、sizeof。
- *、/、%。
- +、-。
- >>、<<。
- >、>=、<、<=。
- ==、!=。
- &。
- ^。
- |。
- &&。
- ||。
- ?:。
- =、+=、-=、*=、/=、%=、|=、^=、&=、>>=、<<=。

遵循这条规则的示例代码如下。

```
int main(void)
{
    unsigned int i, tbc;
    tbc=0x80;
```

```
        if( (tbc&0x80 )==0x80 )        //遵循
        {
            i=1;
        }
        else
        {
            i=2;
        }
        return (0);
}
```

R_01_02_06：禁止嵌套注释。

违背这条规则的示例代码如下。

```
int main(void)
{
    int local=0;
    int sign=0;
    /*
       code1 的注释
    /*                      //违背
       code2 的注释
    */
    return (0);
}
```

这条规则要求注释中不能再嵌套注释。

/*后面的内容均为注释内容，直到*/结束。

2.3.3 指针使用规则

本节所列规则均属于指针使用方面的规则。

1. 强制规则

R_01_03_01：禁止指针的指针超过两级。

违背该规则的示例代码如下。

```
#include <stdlib.h>
int main(void)
{
    unsigned int array[5]={ 0, 1, 2, 3, 4 };
    unsigned int *p1_ptr=NULL, **p2_ptr=NULL;
    unsigned int ***p3_ptr=NULL;          //违背
    unsigned int data[5];
    unsigned int I;
    p1_ptr=array;
    p2_ptr=&p1_ptr;
    p3_ptr=&p2_ptr;
    for(i=0; i<5; i++)
    {
        data[i]=*(**p3_ptr+ I);
    }
    return (0);
}
```

本规则要求指针的指针不能超过两级。

指向指针的指针是一种多级间接寻址的形式，或者说是一个指针链。通常，一个指针包含一个变量的地址。当我们定义一个指向指针的指针时，第一个指针包含第二个指针的地址，第二个指针指向包含实际值的位置。

指针的指针超过两级会造成理解上的困难，增加代码复杂度，使代码更容易出错。

使用工具检测违背 R_01_03_01 的示例代码，如图 2-26 所示。

▲图 2-26　使用工具检测违背 R_01_03_01 的示例代码

R_01_03_02：使用函数指针时必须用&明确说明。

违背这条规则的示例代码如下。

```c
#include <stdlib.h>

int fun(int para1, int para2);
int main(void)
{
    int a=2, b=1, c=0;
    if(NULL==fun)              //违背
    {
        return(-1);
    }
    else
    {
        int (*p)(int, int)=fun;    //违背
        c=p(a, b);
    }
    return (0);
}

int fun(int para1, int para2)
{
    return (para1-para2);
}
```

本规则要求使用函数指针时必须加上&。

如果在程序中定义了一个函数，那么在编译时系统会为这个函数代码分配一段存储空间，这段存储空间的首地址称为这个函数的地址。函数名表示的就是这个地址。既然函数名是地址，我们就可以定义一个指针变量来存放它，这个指针变量就叫作函数指针变量，简称函数指针。

这里要求在使用函数指针时，必须通过&明确表示将函数地址赋给函数指针。赋值以后，函数

指针就指向函数代码的首地址。

使用工具检测违背 R_01_03_02 的示例代码，如图 2-27 所示。

▲图 2-27　使用工具检测违背 R_01_03_02 的示例代码

遵循这条规则的示例代码如下。

```
#include <stdlib.h>

int fun(int para1, int para2);
int main (void)
{
    int a=2, b=1, c=0;
    if (NULL == &fun)              //遵循
    {
      return(-1);
    }
    else
    {
      int (*p) (int, int) = &fun;    //遵循
      c=p(a, b);
    }
    return (0);
}

int fun(int para1, int para2)
{
    return (para1 - para2);
}
```

R_01_03_03：禁止对参数指针进行赋值。
违背这条规则的示例代码如下。

```
unsigned int pfun(unsigned int *pa);
int main(void)
{
    unsigned int data;
    unsigned int result;
    result=pfun(&data);
    return (0);
}
```

```
unsigned int pfun(unsigned int *pa)
{
    static unsigned int i=10;
    i=i+1;
    pa=&i;           //违背
    return i;
}
```

本规则要求不能对参数指针进行赋值。

参数指针传递的是指针变量指向的变量的地址，在函数中禁止对传入的指针变量进行赋值。

使用工具检测违背 R_01_03_03 的示例代码，如图 2-28 所示。

▲图 2-28　使用工具检测违背 R_01_03_03 的示例代码

遵循这条规则的示例代码如下。

```
#include <stdlib.h>

unsigned int pfun(unsigned int **pa);
int main(void)
{
    unsigned int *data=NULL;
    unsigned int result;
    result=pfun(&data);
    return (0);
}

unsigned int pfun(unsigned int **pa)
{
    static unsigned int i=10;
    i=i+1;
    *pa=&i;           //遵循
    return i;
}
```

R_01_03_04：禁止将局部变量地址作为函数返回值返回。

违背这条规则的示例代码如下。

```
#include <stdlib.h>
unsigned int *pfun(unsigned int *pa);
int main(void)
```

```
{
    unsigned int data;
    unsigned int *result=NULL;
    result=pfun(&data);
    return (0);
}
unsigned int * pfun(unsigned int *pa)
{
    unsigned int temp=0;
    *pa=10;
    temp=*pa;
    return &temp;      //违背
}
```

本规则要求局部变量地址不能作为函数返回值返回。

作为返回值，局部变量地址有可能被提前回收。

当以局部变量作为返回值时，一般由系统先申请一个临时对象，用于存储局部变量，也就是找一个替代品，这样系统就可以回收局部变量，返回的只是一个替代品。

示例代码如下。

```
int a;
a=5;
return a;
```

如果返回的是一个基本类型的变量，就会有一个临时对象，它也等于 a 的一个副本，即返回 5，然后 a 就被销毁了。尽管 a 被销毁了，但是它的副本 5 成功地返回了，所以这样做没有问题。

如果返回的是指针，问题就大了，因为返回的局部变量是地址，虽然返回了地址，但是地址所指向的内存中的值已经被回收了，若主函数再调用这个值就会出现问题。这个问题是可以解决的，即把局部变量变为静态变量或者全局变量，这样就不把变量存放在栈中，而把变量存放在静态存储区，变量就不会被回收。

采用 PCLint 工具检测上述问题，并提示返回自动变量"temp"的地址，如图 2-29 所示。

```
    10   unsigned int * pfun (unsigned int *pa)
    11   {
    12       unsigned int temp = 0;
    13       *pa = 10;

    14       temp = *pa;
simple.cpp 14   Info 838: Previously assigned value to variable 'temp' has not been used

    15       return &temp;
simple.cpp 15   Warning 604: Returning address of auto variable 'temp'
    16   }
    17
```

▲图 2-29   PCLint 检测的信息

遵循这条规则的示例代码如下。

```
#include <stdlib.h>
unsigned int *pfun(unsigned int *pa);
unsigned int Gdata=0;

int main(void)
{
    unsigned int data;
    unsigned int *result=NULL;
    result=pfun(&data);
    return (0);
}
```

```
unsigned int *pfun(unsigned int *pa)
{
    *pa=10;
    Gdata=*pa;
    return &Gdata;    //遵循
}
```

　　R_01_03_05：禁止使用或释放未分配空间或已释放的指针。

　　违背这条规则的示例代码如下。

```
#include<stdlib.h>
#include<malloc.h>

int main(void)
{
    int *x=NULL;
    int *y=(int *)malloc(sizeof(int));
    *x=1;            //违背
    free(x);         //违背
    free(y);
    free(y);         //违背
    return (0);
}
```

　　本规则禁止使用或释放未分配空间或已释放的指针。

　　若指针的值为 NULL，表示内存单元不存放任何变量的内存地址，给指针赋值相当于使用未分配空间的指针。

　　free( )函数不能释放未分配的堆内存。

　　利用 free( )函数释放已释放的空间，不会有任何释放效果，因为利用 free( )函数释放地址，表示对地址做标记，表示该地址未被使用，可以再次用于分配。这并不是说内存就消失了。

　　注意，释放后，原内存中的数据不变或被重置；释放后，指针不会自动设置为 NULL，需要手动将其设置为 NULL。

　　使用工具检测违背 R_01_03_05 的示例代码，如图 2-30 所示。

▲图 2-30　使用工具检测违背 R_01_03_05 的示例代码

　　使用 PCLint 工具检测上述问题并给出提示信息，如图 2-31 所示。

```
FlexeLint for C/C++ (Unix) Vers. 9.00L, Copyright Gimpel Software 1985-2014
--- Module: simple.cpp (C++)
    1    #include <stdlib.h>
    2    #include <malloc.h>
    3
    4    int main (void)
    5    {
    6        int *x = NULL;
    7        int *y = (int *) malloc (sizeof (int));
    8        *x = 1;
simple.cpp  8  Warning 413:  Likely use of null pointer 'x' in argument to operator 'unary *' [Reference: file simple.cpp: line 6]
    9        free (x);
   10        free (y);
   11        free (y);
simple.cpp  11  Warning 449:  Pointer variable 'y' previously deallocated [Reference: file simple.cpp: line 10]
   12        return (0);
   13   }
```

▲图 2-31　PCLint 检测的信息

遵循这条规则的示例代码如下。

```
#include <stdlib.h>
#include <malloc.h>

int main(void)
{
    int *x=(int *)malloc(sizeof(int));
    int *y=(int *)malloc(sizeof(int));
        if((NULL!= x)||(NULL!=y))
        {
            *x=1;           //遵循
            free(x);        //遵循
            free(y);        //遵循
        }
        else
        {
            //...
        }
        return (0);
}
```

R_01_03_06：指针变量被释放后必须设置为 NULL。

违背这条规则的示例代码如下。

```
#include <stdlib.h>
#include <malloc.h>
int main(void)
{
    int *x=(int *)malloc(sizeof(int));
    if(NULL!=x)
    {
        *x = 1;
        //...
        free(x);      //违背
    }
    else
    {
        return (-1);
    }
    //...
    return (0);
}
```

本规则要求指针变量被释放后必须设置为 NULL。

一个指针释放后不置空的后果如下。

执行 free(p)后，p 是一个非法的指针，系统不可以访问它。如果代码很长，系统误以为 p 合法，直接访问它，有可能会造成程序崩溃。如果指针变量被释放后未置空，则系统在后面无法检测指针的合法性。在编程中，我们很容易检测空指针（if(NULL==p)），但是对于非法指针 p 不为空指针，我们是无法检测的。对一个已经释放的指针多次释放会造成程序崩溃，但是对一个空指针多次释放是合法的。因此，我们在释放指针变量后必须将其置空。

使用工具检测违背 R_01_03_06 的示例代码，如图 2-32 所示。

▲图 2-32　使用工具检测违背 R_01_03_06 的示例代码

遵循这条规则的示例代码如下。

```
#include <stdlib.h>
#include <malloc.h>
int main(void)
{
    int *x=(int *) malloc(sizeof(int));
    if(NULL !=x)
    {
        *x = 1;
        //...
        free(x);
        x=NULL;            //遵循
    }
    else
    {
        return (-1);
    }
    //...
    return (0);
}
```

R_01_03_07：在动态分配的指针变量定义时，如果没有为它分配空间，它必须初始化为 NULL。

违背这条规则的示例代码如下。

```
#include <stdlib.h>
#include <malloc.h>
int main(void)
```

```
{
    int *x;                 //违背
    //...
    x=(int*)malloc(sizeof(int));
    if(NULL!=x)
    {
        *x=1;
    }
    else
    {
        return (-1);
    }
    return (0);
}
```

本规则要求在未分配空间的情况下，动态分配的指针在定义时必须初始化为 NULL。

在定义时，指针变量必须初始化为 NULL（空）；否则，指针变量会在初始化位置不确定（随机分配地址）的情况下成为野指针。

野指针也就是指向不可用内存区域的指针。通常对这种指针进行操作，会使程序发生不可预知的错误。

野指针不是空指针，是指向垃圾内存的指针。人们一般不会错用空指针，因为用 if 语句很容易判断一个指针是否为空指针。野指针是很危险的，if 语句对它不起作用。野指针的成因主要有两种。

● 指针变量没有初始化。任何指针变量刚创建时不会自动成为空指针，它的默认值是随机的。因此，指针变量在创建的同时应当初始化，要么设置为 NULL，要么指向合法的内存单元。

● 指针 p 释放或者删除之后，若没有设置为 NULL，会被误认为合法的指针。free 和 delete 操作只把指针所指的内存给释放掉，但并没有把指针本身销毁。通常使用语句 if(p != NULL)进行防错处理。很遗憾，此时 if 语句起不到防错作用，因为即使 p 不是空指针，它也不指向合法的内存单元。

空指针是一个特殊的指针值，也是唯一对任何指针类型都合法的指针。指针变量具有空指针值，表示它当前处于闲置状态，没有指向有意义的东西。空指针用 0 表示，C 语言保证这个值不会是任何对象的地址。给指针赋零可使指针不再指向任何有意义的东西。为了提高程序的可读性，标准库定义了一个与 0 等价的符号常量——NULL。

使用工具检测违背 R_01_03_07 的示例代码，如图 2-33 所示。

▲图 2-33　使用工具检测违背 R_01_03_07 的示例代码

遵循这条规则的示例代码如下。

```
#include <stdlib.h>
#include <malloc.h>
int main(void)
{
    int *x=NULL;          //遵循
    //...
    x=(int *)malloc(sizeof(int));
    if(NULL!= x)
    {
        *x=1;
    }
    else
    {
        return (-1);
    }
    return (0);
}
```

R_01_03_08：动态分配的指针变量在第一次使用前必须进行是否为 NULL 值的判断。

违背这条规则的示例代码如下。

```
#include <malloc.h>

int main(void)
{
    int *x=(int*) malloc(sizeof(int));
    *x=1;      //违背
    return (0);
}
```

本规则要求动态分配的指针变量在第一次使用前必须先进行是否为 NULL 值的判断。

用 malloc( )函数申请内存空间有不成功的可能。在使用指向这块内存空间的指针时，我们必须用 if（NULL！ =p）语句来验证内存空间是否分配成功了。

使用 PCLint 工具检测上述问题并给出提示信息，如图 2-34 所示。

```
FlexeLint for C/C++ (Unix) Vers. 9.00L, Copyright Gimpel Software 1985-2014
--- Module: simple.cpp (C++)
    1   #include <malloc.h>
    2
    3   int main (void)
    4   {
    5       int *x = (int *) malloc (sizeof(int));

    6       *x = 1;
simple.cpp  6   Warning 613: Possible use of null pointer 'x' in argument to operator 'unary *' [Reference: file simple.cpp: line 5]

    7       return (0);
simple.cpp  7   Warning 429: Custodial pointer 'x' (line 5) has not been freed or returned
    8   }
    9
```

▲图 2-34　PCLint 检测的信息

使用工具检测违背 R_01_03_08 的示例代码，如图 2-35 所示。

▲图 2-35　使用工具检测违背 R_01_03_08 的示例代码

遵循这条规则的示例代码如下。

```
#include <stdlib.h>
#include <malloc.h>

int main(void)
{
    int *x=(int*)malloc(sizeof(int));
    if(NULL != x)   //遵循
    {
        *x=1;
    }
    else
    {
        return (-1);
    }
    return (0);
}
```

R_01_03_09：空指针必须使用 NULL，禁止使用整数 0。

违背这条规则的示例代码如下。

```
#include <stdlib.h>
#include <malloc.h>
int main(void)
{
    int *x=(int *) malloc(sizeof(int));
    if(x!=0)     //违背
    {
        *x=1;
    }
    else
    {
        return (-1);
    }
    return (0);
}
```

本规则要求空指针必须使用 NULL 而非 0。

C 语言保证空指针的值不会是任何对象的地址，使它不再指向任何有意义的东西。为了提高程序的可读性，标准库定义了符号常量 NULL，用于表示空指针的值。

使用工具检测违背 R_01_03_09 的示例代码，如图 2-36 所示。

▲图 2-36　使用工具检测违背 R_01_03_09 的示例代码

遵循这条规则的示例代码如下。

```
#include <stdlib.h>
#include <malloc.h>
int main(void)
{
    int *x=(int *)malloc(sizeof(int));
    if(NULL!=x)      //遵循
    {
        *x=1;
    }
    else
    {
        return (-1);
    }
    return (0);
}
```

R_01_03_10：禁止文件指针在退出时没有关闭文件。

违背这条规则的示例代码如下。

```
#include <stdio.h>
int fr(void);
int main(void)
{
    int ret;
    ret=fr();
    //...
    return (0);
}
int fr(void)
{
    FILE *stream=NULL;
    char s[100];
    int n;
```

```
if(NULL=(stream=fopen("data", "r")))
{
    printf("The file 'data' was not opened\n");
    return (-1);
}
else
{
    printf("The file 'data' was opened\n");
    n=fscanf(stream, "%s", s);
    //...
    return (0);       //违背
}
}
```

本规则要求文件指针在退出时必须关闭文件。

不关闭文件会造成数据丢失，因为在向文件写数据时，系统先将数据输出到缓冲区，待缓冲区充满后才正式输出文件。如果数据未充满缓冲区而程序结束运行，就有可能使缓冲区的数据丢失。因此，要用 fclose( )函数关闭文件，首先把缓冲区中的数据输出到磁盘文件，然后撤销文件信息区。有的编译系统在程序结束前会先自动将缓冲区中的数据写到文件，从而避免这个问题，但开发人员还应当养成在程序终止前关闭所有文件的习惯。

使用工具检测违背 R_01_03_10 的示例代码，如图 2-37 所示。

▲图 2-37　使用工具检测违背 R_01_03_10 的示例代码

遵循这条规则的示例代码如下。

```
#include <stdio.h>
int fr(void);
int main(void)
{
    int ret;
    ret=fr();
    //...
    return (0);
}
int fr(void)
{
    FILE *stream=NULL;
    char s[100];
    int n;
    if(NULL=(stream=fopen("data", "r")))
```

```
    {
        printf("The file 'data' was not opened\n");
        return (-1);
    }
    else
    {
        printf("The file 'data' was opened\n");
        n=fscanf(stream, "%s", s);
        //...
        fclose(stream);      //遵循
        return (0);
    }
}
```

2. 建议规则

A_01_03_01：谨慎使用函数指针。

函数指针是指向函数的指针变量。因此，函数指针本身首先应是指针变量，只不过该指针变量指向函数。在编译程序时，每一个函数都有一个入口地址，该入口地址就是函数指针所指向的地址。

函数指针增加了代码的灵活性，但是提高了代码的复杂性，降低了代码的可读性，需要谨慎使用。

例如，考虑如下代码。

```
#include <stdio.h>
void show(void)
{
    printf("hello\n");
    return;
}
int main(void)
{
    void (*p)(void)=show;
    (*p)();
    p();
    return 0;
}
```

执行结果如下。

```
hello
hello
```

在上述代码中，需要注意以下几点。

- 函数名本身即函数的地址。
- 当用函数指针调用函数时，有无*均可。
- 由于( )的优先级高于*，因此(*p)中的( )不可或缺。

A_01_03_02：谨慎使用无类型指针。

无类型又称为抽象类型，指的是没有对应的实体，不能直接定义变量，但可以定义指针。

无类型指针称为泛型指针，只要指向的是地址都可以存放，无法对内存空间进行解释。

无类型指针无指针指向的功能。p 指针此时不具有加 1 的能力。在 GCC 编译器下，无类型指针可加 1。

void*是一种特别的指针，因为它没有指向的类型，或者说不能根据类型判断指向对象的长度。void *指针具有以下特点。

（1）任何指针（包括函数指针）都可以赋给 void 指针。

```
type *p;   //不需转换
vp=p;      //只获得变量/对象地址而不获得大小
```

（2）当把 void 指针赋值给其他类型的指针时，void 指针要进行转换。

```
type *p=(type *)vp;   //转换类型也就是获得指向变量/对象大小
```

（3）void 指针在强制转换成具体类型前，不能引用。

```
*vp//错误,因为 void 指针只知道指向变量/对象的起始地址,而不知道指向变量/对象的大小,所以无法正确引用
```

（4）void 指针不能参与指针运算，除非进行转换。

```
(type*)vp++;   //等价于 vp=vp+sizeof(type)
```

A_01_03_03：谨慎对指针进行算术运算。

指针是一个用数值表示的地址。因此，你可以对指针执行算术运算（如++、− −、+、−）。

假设 ptr 是一个指向地址 1000 的整型指针，是一个 32 位的整数，对该指针执行以下指令以实现算术运算。

```
ptr++;
```

在执行完上述运算之后，ptr 将指向位置 1004。在不影响内存单元中实际值的情况下，这个运算会移动指针到下一个内存单元。移动的位置由数据类型的大小决定。同样，如果 ptr 指向一个地址为 1000 的字符，上面的运算会使指针指向位置 1001，因为下一个字符的位置是 1001。

数组可以看成一个常量指针，因为数组名本身就是一个指针，但是数组不能递增。若递增，就会定位到另一个内存单元存储的变量，而不是访问数组的下一个元素。因此，使用更方便的变量指针来代替数组。

指针可以用关系运算符（如 ==、< 和 >）进行比较。如果 p1 和 p2 指向两个相关的变量，如同一个数组中的不同元素，则可对 p1 和 p2 进行大小比较。

2.3.4 分支控制规则

本节所列规则均属于编写代码时的分支控制规则。

1. 强制规则

R_1_04_01：在 if…else if 语句中必须使用 else 分支。

违背这条规则的示例代码如下。

```
int main(void)
{
    int i=0, j=0;
    double x=0.0;
    // ...
    if(0==i)
    {
        x=1.0;
    }
    else if(1==i)
    {
        x=2.0;
    }     //违背
    if(0==j)
    {
        x=x+5.0;
    }
```

```
    return (0);
}
```

本规则要求在 if...else if 语句中必须使用 else 分支。

在 if...else 语句中，if 和 else 在一对大括号内就近配对。如果不属于同一个复合语句括号 "{}" 作用域内，则 if 和 else 不会配对。

由于就近配对的原则容易产生空悬 else 的问题，因此建议始终使用大括号以避免在以后修改代码时可能出现的混淆或错误。

使用工具检测违背 R_1_04_01 的示例代码，如图 2-38 所示。

▲图 2-38　使用工具检测违背 R_1_04_01 的示例代码

遵循这条规则的示例代码如下。

```
int main(void)
{
    int i=0, j=0;
    double x=0.0;
    // ...
    if(0==i)
    {
        x=1.0;
    }
    else if(1==i)
    {
        x=2.0;
    }
    else      //遵循
    {
        x=0.0;
    }
    if(0==j)
    {
        x=x+5.0;
    }
    return (0);
}
```

在 if...else 语句配对和嵌套使用的过程中，代码的缩进问题往往会导致程序理解上的错误，如下面的代码所示。

```
typedef const char *CSTRING;
CSTRING   revere(int lights)
{
    CSTRING manner="by land";
    if(lights>0)
        if(lights==2) manner="by sea";
    else manner="";
    return manner;
}
int main()
{
    printf("The British are coming %s\n", revere(1));
    return 0;
}
```

在代码中，else 语句看起来与 if(lights > 0)配对，而实际上是与 if(lights==2)配对的。

由此可见，代码格式等方面的规范性也可能引发潜在问题，使用 PCLint 等工具能检测出这类代码风格问题，如图 2-39 所示。

```
FlexeLint for C/C++ (Unix) Vers. 9.00L, Copyright Gimpel Software 1985-2014
--- Module: simple.cpp (C++)
    1  typedef const char *CSTRING;
    2
    3  CSTRING    revere( int lights )
    4  {
    5   CSTRING manner = "by land";
    6
    7   if( lights > 0 )
    8    if( lights == 2 ) manner = "by sea";

    9    else manner = "";
simple.cpp 9   Warning 525: Negative indentation from line 8
    10
    11   return manner;
    12  }
    13
    14  int main()
    15  {
```

▲图 2-39　PCLint 检测的信息

R_1_04_02：条件评定分支如果为空分支，必须以单占一行的分号和注释明确说明。
违背这条规则的示例代码如下。

```
int main(void)
{
    int i=0, j=0, k=0;
    double x=0.0;
    //...
    if(0==i)
    {
        x=1.0;
    }
    else if(1==i)
    {
        x=x-1.0;
    }
    else;          //违背
    if(0==j)
    {
        x=x+1.0;
    }
    else if(1==j)
    {
        ;          //违背
    }
```

```
        else         //违背
        {
        }
        if(0==k)
        {
            x=x/2.0;
        }
        else if(1==k)
        {
            x=x/3.0;
        }
        else
        {
            /* do no deal with */     //违背
        }
        return (0);
}
```

本规则要求条件评定分支如果为空分支，必须以单占一行的分号和注释明确说明。

注释必须以"/*no deal with*/"明确说明，占单一行的分号和注释不被视为空语句。

使用工具检测违背 R_1_04_02 的示例代码，如图 2-40 所示。

▲图 2-40　使用工具检测违背 R_1_04_02 的示例代码

遵循这条规则的示例代码如下。

```
int main(void)
{
    int i=0, j=0, k=0;
    double x = 0.0;
    //...
    if(0==i)
    {
        x=1.0;
    }
    else if(1==i)
    {
        x=x-1.0;
    }
    else
    {
    ; /* do not deal with */                //遵循
    }
    if(0==j)
```

```
    {
        x=x+1.0;
    }
    else if(1==j)
    {
        ;        /*do not deal with*/          //遵循
    }
    else
    {
        ;    /*do not deal with*/              //遵循
    }
    if(0==k)
    {
        x=x/2.0;
    }
    else if(1==k)
    {
        x=x/3.0;
    }
    else
    {
        ; /*do not deal with*/          //遵循
    }
    return (0);
}
```

R_1_04_03：禁止使用空 switch 语句。

违背这条规则的示例代码如下。

```
int main(void)
{
    int i=0;
    switch(i)
    {
    }            //违背
    return (0);
}
```

在 C 语言中，switch 语句是一种多分支选择语句，在实际应用中，要从多种情况中选择一种情况，执行某一部分语句。

其使用方式一般如下。

```
switch(表达式)
{
    case 常量表达式 1:
    语句块 1;
        break;
    case 常量表达式 2:
    语句块 2;
        break;
    ...
    case 常量表达式 m:
    语句块 m;
        break;
    default:
    语句块 n;
        break;
}
```

使用说明如下。

- 在程序执行时，首先计算表达式的值，并将其与 case 后面的常量表达式值比较，若相等就执行对应部分的语句块，执行完后利用 break 语句跳出 switch 分支语句。若表达式的值与所有的 case 后的常量表达式均不匹配，则执行 default 项对应的语句，执行后跳出 switch 分支语句。
- case 后面的常量表达式只能是整型、字符型或枚举型常量的一种；各 case 语句表达式的值不相同，只起到一个标号的作用，用于引导程序找到对应入口。
- 这里的语句块可以是一条语句，或其他复合语句。语句块可以不用 "{}" 括起来。
- 各个 case 语句并不是程序执行的终点，通常需要执行 break 语句来跳出 switch 分支语句；若某 case 语句的语句块执行后，其后没有 break 语句，则顺序执行其他 case 语句，直到遇到 break 语句或后面所有 case 语句执行完，再跳出 switch 分支语句。
- 多个 case 可以共用一组执行语句块。
- 各个 case 和 default 出现的先后次序并不影响执行结果。
- default 语句不是必需的，但建议加上，作为默认情况处理项。
- switch 语句仅做相等性判断，不能像 if 语句那样做关系表达式或逻辑表达式计算，进行逻辑真假判断。

使用工具检测违背 R_1_04_03 的示例代码，如图 2-41 所示。

▲图 2-41　使用工具检测违背 R_1_04_03 的示例代码

采用 PCLint 工具检测上述问题并给出提示信息，如图 2-42 所示。

```
FlexeLint for C/C++ (Unix) Vers. 9.00L, Copyright Gimpel Software 1985-2014
--- Module: simple.cpp (C++)
      1   int main (void)
      2   {
      3       int i=0;
      4       switch (i)
      5       {

      6       }
simple.cpp  6   Info 764: switch statement does not have a case
simple.cpp  6   Info 744: switch statement has no default
      7       return (0);
      8   }
```

▲图 2-42　PCLint 检测的信息

switch 语句的使用技巧如下。

- 尽量减少 case 语句。C89 标准指出，一个 switch 语句至少应支持 257 个 case 语句；而在 C99 标准中，分支个数提升至 1023。在实际编程中，为了提高程序可读性与执行效率，应尽量减少 case 语句。尽量将长的 switch 语句转换为嵌套的 switch 语句，即将高频执行的语句放在一个 case 语句中，作为嵌套 switch 语句的最外层；把执行频率较低的 case 语句放在另一个 switch 语句中，置于嵌套 switch 语句的内层。
- case 语句结尾勿忘加 break 语句。在 switch 语句中，每个 case 语句的结尾不要忘记添加 break 语句，否则将导致多个分支重叠，除非有意而为之。
- 注意 case 语句的排序。case 语句通常按照字母或数字顺序来排序；若 switch 语句存在多个情况正常和异常的语句，应尽量将情况正常的语句排在前面；或者根据执行频率排序，如果你能预测出每条 case 语句的执行频率，可以将执行频率最高的语句排在前面。

在将枚举语句与 switch 语句结合使用的过程中，容易犯类似于下面的错误。

```
typedef enum {red, green, blue} Color;
char *getColorString(Color c)
{
     char *ret=NULL;
     switch(c)
     {
         case red:
             printf("red");
     }
     return ret;
}
```

在 GCC 中使用“-Wall”命令可以检查出其中的问题，某些枚举值在 switch 语句中没有得到处理，如图 2-43 所示。

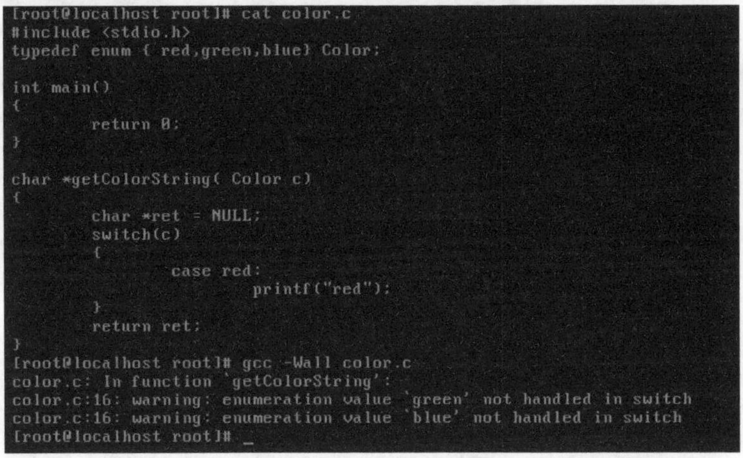
```
[root@localhost root]# cat color.c
#include <stdio.h>
typedef enum { red,green,blue} Color;

int main()
{
        return 0;
}

char *getColorString( Color c)
{
        char *ret = NULL;
        switch(c)
        {
                case red:
                        printf("red");
        }
        return ret;
}
[root@localhost root]# gcc -Wall color.c
color.c: In function `getColorString':
color.c:16: warning: enumeration value `green' not handled in switch
color.c:16: warning: enumeration value `blue' not handled in switch
[root@localhost root]# _
```

▲图 2-43 GCC 检测出代码错误

R_1_04_04：禁止对布尔值使用 switch 语句。

违背这条规则的示例代码如下。

```
int main(void)
{
    int x=0;
    int y=0;
    //...
    switch(0==x)       //违背
```

```
    {
    case 1:
        y=1;
        break;
    default:
        y=2;
        break;
    }
    return (0);
}
```

本规则不允许对布尔值使用 switch 语句。

switch 和 case 后面的常量表达式只能是整型、字符型或枚举型常量的一种。

采用工具 PCLint 检测上述问题并给出提示信息，如图 2-44 所示。

```
FlexeLint for C/C++ (Unix) Vers. 9.00L, Copyright Gimpel Software 1985-2014
--- Module: simple.cpp (C++)
    1   int main (void)
    2   {
    3       int x = 0;
    4       int y = 0;
    5       //...

    6       switch (0 == x)
simple.cpp  6   Warning 483:  boolean value in switch expression
    7       {
    8       case 1:
    9           y = 1;
    10          break;
    11      default:
    12          y = 2;
    13          break;
    14      }
```

▲图 2-44　PCLint 检测的信息

使用工具检测违背 R_1_04_04 的示例代码，如图 2-45 所示。

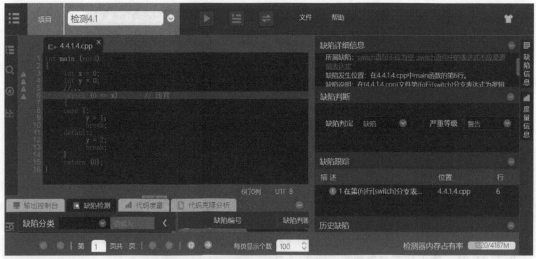

▲图 2-45　使用工具检测违背 R_1_04_04 的示例代码

R_1_04_05：禁止 switch 语句只包含 default 语句。

违背这条规则的示例代码如下。

```
int main(void)
{
    int i=0;
    switch(i)
```

```
    {
        default:
        break;
    }              //违背
     return (0);
}
```

本规则要求 switch 语句不能仅包含一条 default 语句。default 语句是指不满足以上所有条件时默认执行的语句，但是在一条 switch 语句中不能只有一条 default 语句，这样将失去 switch 条件判断的意义。采用工具 PCLint 检测上述问题并给出提示信息，如图 2-46 所示。

```
FlexeLint for C/C++ (Unix) Vers. 9.00L, Copyright Gimpel Software 1985-2014
--- Module: simple.cpp (C++)
        1   int main (void)
        2   {
        3       int i = 0;
        4       switch (i)
        5       {
        6           default:
        7           break;

        8       }
simple.cpp  8   Info 764: switch statement does not have a case
        9       return (0);
       10   }
```

▲图 2-46 PCLint 检测的信息

R_1_04_06：除枚举类型列举完全外，switch 语句必须要有 default 语句。

违背这条规则的示例代码如下。

```
enum WorkMode {INI=0, FIGHT, MAINTAIN, TRAIN} work_state;
int main(void)
{
    int i=0;
    int j=0;
    //...
    switch(work_state)          //违背
    {
        case INI:
            i=1;
            break;
        case FIGHT:
            i=2;
            break;
        case MAINTAIN:
            i=3;
            break;
    }
    switch(i)                   //违背
    {
        case 0:
            j=0;
            break;
        case 1:         /*共用*/
        case 2:
            j=1;
            break;
    }
    return (0);
}
```

本规则要求除枚举类型列举完全外，switch 语句必须要有 default 语句。

枚举类型意味着列举了所有可能的情况。在 switch 语句中，如果未对枚举类型的所有可能取值进行判断并处理，则必须加上 default 语句。

采用工具 PCLint 检测上述问题并给出提示信息，如图 2-47 所示。

```
FlexeLint for C/C++ (Unix) Vers. 9.00L, Copyright Gimpel Software 1985-2014
--- Module: simple.cpp (C++)
    1   enum WorkMode {INI = 0, FIGHT, MAINTAIN, TRAIN} work_state;
    2   int main (void)
    3   {
    4       int i = 0;
    5       int j = 0;
    6       //...
    7       switch (work_state)
    8       {
    9       case INI:
   10           i = 1;
   11           break;
   12       case FIGHT:
   13           i = 2;
   14           break;
   15       case MAINTAIN:
   16           i = 3;
   17           break;

   18       }
simple.cpp 18  Info 787:  enum constant 'WorkMode::TRAIN' not used within switch
   19       switch (i)
   20       {
   21       case 0:
   22           j = 0;
   23           break;
   24       case 1:
   25       case 2:
   26           j = 1;
   27           break;

   28       }
simple.cpp 28  Info 744:  switch statement has no default
```

▲图 2-47　PCLint 检测的信息

使用工具检测违背 R_1_04_06 的示例代码，如图 2-48 所示。

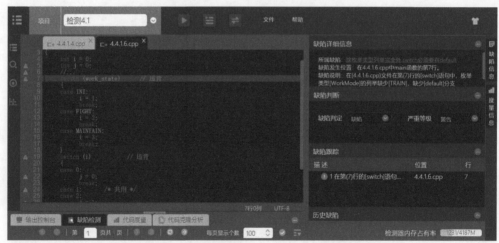

▲图 2-48　使用工具检测违背 R_1_04_06 的示例代码

遵循这条规则的示例代码如下。

```
enum WorkMode {INI=0, FIGHT, MAINTAIN, TRAIN} work_state;
int main(void)
{
    int i=0;
    int j=0;
    //...
    switch(work_state)           //遵循
    {
        case INI:
            i=1;
            break;
        case FIGHT:
```

```
            i=2;
            break;
        case MAINTAIN:
            i=3;
            break;
        case TRAIN:
            i=0;
            break;
    }
    switch(i)                    //遵循
    {
        case 0:
            j=0;
            break;
        case 1:       /*共用*/
        case 2:
            j=1;
            break;
        default:
            j=-1;
            break;
    }
    return (0);
}
```

下面的代码缺少 default 语句，case 1 语句块后也缺少 break 语句。

```
int main()
{
    int a=0;
    switch(a){
    case 0:
        return 0;
    case 1:               //违背
        a=1;
    }
}
```

采用工具 PCLint 检测上述问题并给出提示信息，如图 2-49 所示。

```
FlexeLint for C/C++ (Unix) Vers. 9.00L, Copyright Gimpel Software 1985-2014
--- Module: simple.cpp (C++)
    1   int main()
    2   {
    3    int a = 0;
    4    switch (a) {
    5    case 0:
    6    return 0;
    7    case 1:
    8     a = 1;
                 _
    9   }
simple.cpp  9  Info 744: switch statement has no default
```

▲图 2-49　PCLint 检测的信息

R_1_04_07：switch 语句中的 case 语句和 default 语句必须以 break 语句或 return 语句终止，共用的 case 语句必须有明确注释。

违背这条规则的示例代码如下。

```
int main(void)
{
    int i=0;
    int j=0;
    int k=0;
    //...
    switch(i)
    {
```

```
        case 1:     //违背
            if (j > 0)
            {
                k=1;
                break;
            }
            k=2;
        case 2:     //违背
        case 3:     //违背
        {
            j=3;
        }
        case 4:     //违背
            k=4;
        case 5:
            j=5;
            break;
        default:    //违背
            j=-1;
    }
    return (0);
}
```

本规则要求 switch 语句中的 case 语句和 default 语句必须以 break 语句或 return 语句终止，共用的 case 语句必须有明确注释。共用 case 语句必须以"/*shared*/"明确注释。

采用工具 PCLint 检测上述问题并给出提示信息，如图 2-50 所示。

```
FlexeLint for C/C++ (Unix) Vers. 9.00L, Copyright Gimpel Software 1985-2014
--- Module: simple.cpp (C++)
    1   int main (void)
    2   {
    3       int i = 0;
    4       int j = 0;
    5       int k = 0;
    6       //...
    7       switch (i)
    8       {
    9         case 1:

   10             if (j > 0)
simple.cpp 10  Info 774: Boolean within 'if' always evaluates to False [Reference: file simple.cpp: lines 4, 10]
   11             {
   12                 k = 1;
   13                 break;
   14             }
   15             k = 2;

   16         case 2:
simple.cpp 16  Warning 616: control flows into case/default
simple.cpp 16  Info 825: control flows into case/default without -fallthrough comment
   17         case 3:
   18         {
   19             j = 3;
   20         }

   21         case 4:
simple.cpp 21  Warning 616: control flows into case/default
simple.cpp 21  Info 825: control flows into case/default without -fallthrough comment
   22             k = 4;

   23         case 5:
simple.cpp 23  Warning 616: control flows into case/default
simple.cpp 23  Info 825: control flows into case/default without -fallthrough comment
   24             j = 5;
   25             break;
   26         default:
   27             j = -1;
   28         }
```

▲图 2-50　PCLint 检测的信息

使用工具检测违背 R_1_04_07 的示例代码，如图 2-51 所示。

▲图 2-51　使用工具检测违背 R_1_04_07 的示例代码

遵循这条规则的示例代码如下。

```
int main(void)
{
    int i=0;
    int j=0;
    int k=0;
    //...
    switch(i)
    {
        case 1:            //遵循
            if(j>0)
            {
                k=1;
                break;
            }
            k=2;
            break;
        case 2:            //遵循
        case 3:            //遵循
            {
                j=3;
            }
            break;
        case 4:            //遵循
            k=4;
        case 5:
            j=5;
            break;
        default:           //遵循
            j=-1;
            break;
    }
    return (0);
}
```

R_1_04_08：switch 语句中的分支必须具有相同的层次范围。

违背这条规则的示例代码如下。

```
int main(void)
{
    int x=2;
    int y=0;
    int z=0;
    //...
    switch(x)
    {
    case 1:
        if(0==y)
        {
          case 2:        //违背
          z=1;
          break;
        }
        z=2;
        break;
    default:
        break;
    }
    return (0);
}
```

本规则要求 switch 语句中的分支必须具有相同的层次范围。

case 语句必须在同一个层次，并行对 switch 语句中的值进行处理。

使用工具检测违背 R_1_04_08 的示例代码，如图 2-52 所示。

▲图 2-52　使用工具检测违背 R_1_04_08 的示例代码

2. 建议规则

A_1_04_01：避免层数过多的分支嵌套，建议不超过 7 层。

短胜于长，平胜于优，过长的函数和嵌套过深的代码块的出现经常是因为没能赋予一个函数一个明确的职责。这两种问题通常能够通过重构予以解决。

建议如下。

（1）函数尽量紧凑。对于一个函数，只赋予一个功能。

（2）不要自我重复。优先使用命名函数，而不要让相似的代码片段重复出现。

（3）优先使用&&。在可以使用&&条件判断的地方，要避免使用连续嵌套的 if。

（4）不要过分使用 try。优先使用析构函数自动清除而避免使用 try 代码块。

（5）优先使用标准算法。算法的代码比循环嵌套的代码要少，通常效率更高。

（6）不要根据类型标签进行分支。尽量不要使用 switch…case 语句，而要优先使用多态函数。

2.3.5　跳转控制规则

本节所列规则均属于编写代码时的跳转控制规则。

1. 强制规则

R_1_05_01：禁止从复合语句外使用 goto 语句跳转到复合语句内，或由下向上跳转。

违背这条规则的示例代码如下。

```
int main(void)
{
    int i=-2, j=-2;
    int k;
    // ...
L0:
    i=i+1;
    if (i<0)
    {
        // ...
        goto L0;     //违背
    }
    if(j<0)
    {
        k=-10;
        j=0;
        goto L1;     //违背
    }
    for(k=0; k<10; k++)
    {
L1:
        j=j+k;
    }
    return (0);
}
```

本规则禁止从复合语句外跳转到复合语句内，或由下向上跳转。

```
goto <语句标记>;
<语句标记>是一个标识符，定义格式为<语句标记>：<语句>;
```

C 语言不限制程序中标号的使用次数，但各标号不能重名。goto 语句用于改变程序流向，跳转到标号所标识的语句。

goto 语句通常与条件语句配合使用，可用来实现条件转移、构成循环、跳出循环体等功能。

不能用 goto 语句从函数外部跳转到函数内部，也不能从函数内部跳转到函数外部。

一般情况，禁止使用 goto 语句从复合语句外部跳转到复合语句内部，多用于从复合语句内部跳转到复合语句外部，如退出多重循环（goto 语句会破坏程序的结构，偶尔在这种情况下使用）。

使用工具检测违背 R_1_05_01 的示例代码，如图 2-53 所示。

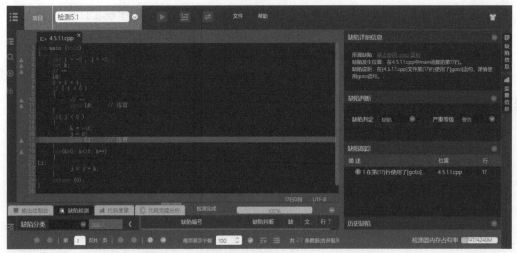

▲图 2-53　使用工具检测违背 R_1_05_01 的示例代码

R_1_05_02：禁止使用 setjmp( )/longjmp( )函数。

违背这条规则的示例代码如下。

```c
#include <math.h>
#include <setjmp.h>
jmp_buf mark;
double fdiv(double a, double b);
int main(void)
{
    int jmpret;
    double r, n1=1.0, n2=0.0;
    jmpret=setjmp(mark);        //违背
    if(0==jmpret)
    {
        r=fdiv(n1, n2);
    }
    else
    {
        return (-1);
    }
    return (0);
}
double fdiv(double a, double b)
{
    double div=a/b;
    if(fabs(b)<1e-10)
    {
        longjmp(mark, -1);      //违背
    }
    return div;
}
```

本规则禁止使用 setjmp( )/longjmp( )函数。

当结合使用时，setjmp( )与 longjmp( )必须有严格的先后执行顺序，即先调用 setjmp( )函数，再调用 longjmp( )函数，以恢复到先前保存的程序执行点。在调用 setjmp( )函数之前执行 longjmp( )函数将导致程序的执行流变得不可预测，并且很容易导致程序因崩溃而退出。

setjmp( )与 longjmp( )的作用与 goto 语句类似，能实现本地的跳转。

使用 setjmp( )与 longjmp( )容易出错，且出错后果非常严重，因此禁止使用。

使用工具检测违背 R_1_05_02 的示例代码，如图 2-54 所示。

▲图 2-54　使用工具检测违背 R_1_05_02 的示例代码

2. 建议规则

A_1_05_01：谨慎使用 goto 语句。

若 goto 语句使用不当，会导致出错，建议谨慎使用 goto 语句，可用 do…while、try…catch 等语句替代 goto 语句。

2.3.6　运算处理

本节介绍关于运算处理的强制规则。

R_1_06_01：禁止将浮点常数赋给整型变量。

违背这条规则的示例代码如下。

```
int main(void)
{
    int idata=2.5;      //违背
    idata=idata+1;
    return (0);
}
```

本规则禁止将浮点常数赋给整型变量。

当将浮点常数赋给整型变量时，会略去小数部分，这导致结果不精确，引发潜在问题。

采用 PCLint 检测上述问题并给出提示信息，如图 2-55 所示。

```
FlexeLint for C/C++ (Unix) Vers. 9.00L, Copyright Gimpel Software 1985-2014
--- Module: simple.cpp (C++)
    1   int main (void)
    2   {

    3       int idata = 2.5;
simple.cpp 3   Warning 524: Loss of precision (initialization) (double to int)
    4       idata = idata + 1;
```

▲图 2-55　PCLint 检测的信息

使用工具检测违背 R_1_06_01 的示例代码，如图 2-56 所示。

▲图 2-56　使用工具检测违背 R_1_06_01 的示例代码

遵循这条规则的示例代码如下。

```
int main(void)
{
    int idata=3;                 //遵循
    idata=idata+1;
    return (0);
}
```

R_1_06_02：禁止将越界整数赋给整型变量。

违背这条规则的示例代码如下。

```
int main(void)
{
    unsigned char data1=256;    //违背
    signed char data2=-129;     //违背
    //...
    return (0);
}
```

本规则禁止将越界整数赋给整型变量。

在 C/C++中，char 型数据占 1 字节。在 C/C++语言中，char 默认的类型就是 signed char，其范围是整数−128~+127；而 unsigned char 的取值范围为 0~255。

在上一段代码中，256 超出了 unsigned char 的取值范围，不能赋给变量 data1；−129 超出了 signed char 的取值范围，不能赋给变量 data2。

使用工具检测违背 R_1_06_02 的示例代码，如图 2-57 所示。

▲图 2-57 使用工具检测违背 R_1_06_02 的示例代码

遵循这条规则的示例代码如下。

```
int main(void)
{
    unsigned short data1=256;   //遵循
    short data2=-129;           //遵循
    //...
    return (0);
}
```

R_1_06_03：禁止在逻辑表达式中使用赋值语句。

违背这条规则的示例代码如下。

```
int main(void)
{
    int i=0, j=0;
    if(i=1)   //违背
    {
        j=j+1;
    }
    return (0);
}
```

本规则禁止在逻辑表达式中使用赋值语句。

在上一段代码中，i=1 表达式的计算结果就是 1，当这个表达式出现在 if 语句的逻辑表达式中的时候，它的计算结果是被当作逻辑值处理的。在 C 语言中用整型数表示逻辑量，用非零值表示"真"，所以这是一个永真式。这个 if 语句的逻辑条件永远不会为假。也就是说，不管在什么条件下，j=j+1 语句都会执行，因此失去了 if 判断语句存在的意义。

这里 if(i=1)一般应该写成"if(i == 1)"才符合常规 if 语句的用法。

使用工具检测违背 R_1_06_03 的示例代码，如图 2-58 所示。

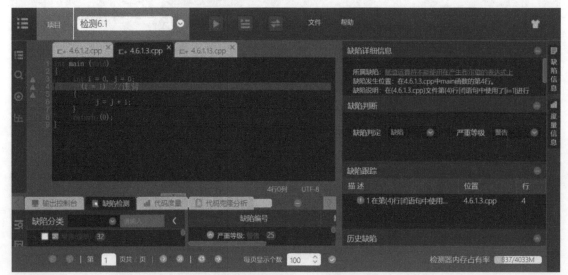

▲图 2-58　使用工具检测违背 R_1_06_03 的示例代码

R_1_06_04：禁止对逻辑表达式进行位运算。

违背这条规则的示例代码如下。

```c
int main(void)
{
    int x=0, y=1, z=2;
    if((x==1)|(y==2))        //违背
    {
      z=3;
    }
    if((x==3)&(y==4))        //违背
    {
      z=5;
    }
    return (0);
}
```

本规则禁止对逻辑表达式进行位运算。

下面简要介绍逻辑运算符（&&、||）和位运算符（&、|）的区别。

逻辑运算符&&和|| 是按照"短路"方式求值的。如果根据第一个操作数已经能够确定表达式的值，第二个操作数就不必计算了。

把位运算符&和| 运算符应用于布尔值，得到的结果也是布尔值，不按"短路"方式计算，即在得到计算结果之前，一定要计算两个操作数的值。

由此可见，逻辑运算符（&&、||）和位运算符（&、|）的计算方式是有很大区别的，因此在 if 语句的逻辑表达式中使用逻辑运算符和位运算符就要特别注意，否则很容易引起判断逻辑的计算错误。

使用工具检测违背 R_1_06_04 的示例代码，如图 2-59 所示。

▲图 2-59　使用工具检测违背 R_1_06_04 的示例代码

遵循这条规则的示例代码如下。

```
int main(void)
{
    int x=0, y=1, z=2;
    if((x==1)||(y==2))    //遵循
    {
        z=3;
    }
    if( (x==3)&& (y==4))   //遵循
    {
        z=5;
    }
    return (0);
}
```

R_1_06_05：禁止在运算表达式中或函数参数中使用++或--运算符。
违背这条规则的示例代码如下。

```
int fun(int p);
int main(void)
{
    int x=1, y=2,z=3;
    int r;
    y=y+(x++);        //违背
    z=z+(++y);        //违背
    z=fun(--z);       //违背
    r=fun(z--);       //违背
    return (0);
}
int fun(int p)
{
    int ret;
    ret=2*p;
    return ret;
}
```

本规则禁止在运算表达式中或函数参数中使用++或--运算符。
++i 首先将运算对象加 1，然后以改变后的对象作为求值结果。返回值为该对象的引用，为一个左值。

i++首先保留一个运算对象的副本，然后将运算对象加 1，并以副本作为求值结果。返回值为将对象加 1 之前的副本临时量，这为一个右值。

++和--运算符带来了一定的理解难度，因此禁止在运算表达式或函数参数中使用++或--运算符。

使用工具检测违背 R_1_06_05 的示例代码，如图 2-60 所示。

▲图 2-60　使用工具检测违背 R_1_06_05 的示例代码

遵循这条规则的示例代码如下。

```c
int fun(int p);
int main(void)
{
    int x=1, y=2, z=3;
    int r;
    y=y+x;
    x++;        //遵循
    y++;        //遵循
    z=z+y;
    z--;        //遵循
    z=fun(z);
    r=fun(z);
    z--;        //遵循
    return (0);
}
int fun(int p)
{
    int ret;
    ret=2*p;
    return ret;
}
```

R_1_06_06：对变量进行位移运算禁止超过变量长度。

违背本规则的示例代码如下。

```c
int main(void)
{
```

```
        unsigned int x, y, z;
        x=0x00000001;
        y=x<<33;      //违背
        x=0x80000000;
        z=x>>33;      //违背
        return (0);
    }
```

本规则禁止在对变量进行位移运算时超过变量长度。

a<<b 表示把 a 转换为二进制后左移 b 位（在后面添加 b 个 0）。例如，100 的二进制表示为 1100100，100 左移两位后（后面加两个零）：1100100<<2 =110010000 =400，可以看出，a<<b 的值实际上就是 a 乘以 2 的 b 次方，因为在二进制数后面添加一个 0 就相当该数乘以一个 2，添加两个零即乘以 2 的 2 次方（等于 4）。通常认为 a<<1 比 a*2 的运算速度更快，因为前者是更底层的操作。因此，在程序中乘以 2 的操作尽量用左移一位来代替。

在把移位运算的结果赋值给变量时，不要超出变量取值范围；否则，将导致错误。

使用工具检测违背 R_1_06_06 的示例代码，如图 2-61 所示。

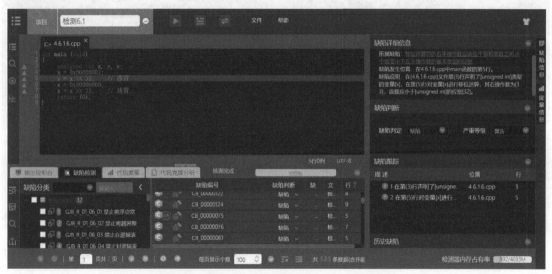

▲图 2-61　使用工具检测违背 R_1_06_06 的示例代码

遵循这条规则的示例代码如下。

```
int main(void)
{
    unsigned int x, y, z;
    x=0x00000001;
    y=x<<1;       //遵循
    x=0x80000000;
    z=x>>1;       //遵循
    return (0);
}
```

R_1_06_07：禁止移位操作中的移位数为负数。

违背这条规则的示例代码如下。

```
int main(void)
{
    unsigned int xdata=2,ydata=3;
    int sn=-2;
    xdata=xdata<<-1;    //违背
    ydata=ydata>>sn;    //违背
    return (0);
}
```

本规则禁止移位操作中的移位数为负数。

当移位操作中的移位数为负数时，它将被视为补码。i<<-1 和 i<<31 的结果一样，例如，"-1" 的补码是 1111…11 1111，31 的补码是 0000…0011 1111，它们的后 6 位是一样的。

使用工具检测违背 R_1_06_07 的示例代码，如图 2-62 所示。

▲图 2-62　使用工具检测违背 R_1_06_07 的示例代码

R_1_06_08：数组禁止越界使用。

注意，对于经过复杂运算所得出的数组下标，在使用时无法断言一定不会有越界的情况下，应对数组下标进行范围判断。

违背这条规则的示例代码如下。

```
void comp(int a[], int n)        //n 为数组长度
{
    int i;
    for(i=0;i<=n;i++)   //违背
    {
        a[i]=0;
    }
}

int main(void)
{
    int array[100];
```

```
    comp(array,100);
    array[100]=1;    //违背
    return (0);
}
```

本规则禁止数组越界使用。

简单地讲，数组越界就是指数组下标的取值超过了初始定义的大小，这导致对数组元素的访问出现在数组的范围之外，这类错误也是 C 语言程序中常见的错误之一。

在 C 语言中，数组必须是静态的。换而言之，数组的大小必须在程序运行前就确定下来。由于 C 语言并不具有类似于 Java 等语言中现有的静态分析工具的功能，因此要对程序中数组下标取值范围进行严格检查，一旦发现数组上溢或下溢，就会抛出异常。也就是说，C 语言并不检查数组边界，数组的两端都有可能越界，从而使其他变量的数据甚至程序代码被破坏。

因此，对于数组下标的取值范围，只能预先推断一个值，而检查数组的边界是程序员的职责。

一般情况下，数组的越界错误主要包括两种——数组下标取值越界与指向数组的指针指向的范围越界。

遵循这条规则的示例代码如下。

```
void comp(int a[], int n)     //n 为数组长度
{
    int i;
    for(i=0; i<n; i++)   //遵循
    {
        a[i]=0;
    }
}

int main(void)
{
    int array[100];
    comp(array,100);
    array[99]=1;                //遵循
    return (0);
}
```

数组越界是常犯的一类错误。这类错误中的一种叫差一错误（Off-By-One Error，OBOE），这是在计数时边界条件判断失误导致结果多了一或少了一的错误，通常指计算机编程中循环多了一次或者少了一次的错误，属于逻辑错误的一种。

下面是一个典型的 OBOE 错误案例。

```
#include <stdio.h>
int main()
{
    int i;
    int a[]={1,2,3};
    int n=sizeof(a)/sizeof(int);
    for(i=0;i<=n;i++)
        printf("a[%d]=%d\n",i,a[i]);
    return 0;
}
```

用 PCLint 检测出来的结果提示了这一错误，如图 2-63 所示。

```
FlexeLint for C/C++ (Unix) Vers. 9.00L, Copyright Gimpel Software 1985-2014
--- Module: offbyone.c (C)
    1   #include <stdio.h>
    2   int main()
    3   {
    4     int i;
    5     int a[] = {1,2,3};
    6     int n = sizeof(a)/sizeof(int);
    7     for(i=0;i<=n;i++)

    8       printf("a[%d]=%d\n",i,a[i]);
offbyone.c  8  Warning 661: Possible access of out-of-bounds pointer (1 beyond end of data) by operator '[' [Reference: file offbyone.c: lines 6, 7, 8]
    9     return 0;
   10   }
   11
```

▲图 2-63　PCLint 检测的信息

R_1_06_09：数组下标必须是大于或等于零的整数。

违背这条规则的示例代码如下。

```c
int main(void)
{
    int Data[3]=(0, 0, 0);
    int i=-1;
    Data[i]=1;      //违背
    return (0);
}
```

本规则要求数组下标必须是大于或等于零的整数。

数组的下标值只能是大于或等于零的整数。

使用工具检测违背 R_1_06_09 的示例代码，如图 2-64 所示。

▲图 2-64　使用工具检测违背 R_1_06_09 的示例代码

R_1_06_10：禁止对常数值做逻辑非运算。

违背这条规则的示例代码如下。

```c
int main(void)
{
    int i=0, j=0;
    if(i==!1)       //违背
    {
```

```
        j=1;
    }
    return (0);
}
```

本规则禁止对常数值做逻辑非运算。

逻辑非运算通常也叫求反运算。逻辑值 0 为假，非 0 为真。对于逻辑非运算，非假得真，非真得假。

对常数值做逻辑非运算，再与变量进行比较，增加了代码的复杂度，因此禁止对常数值做逻辑非运算。

使用工具检测违背 R_1_06_10 的示例代码，如图 2-65 所示。

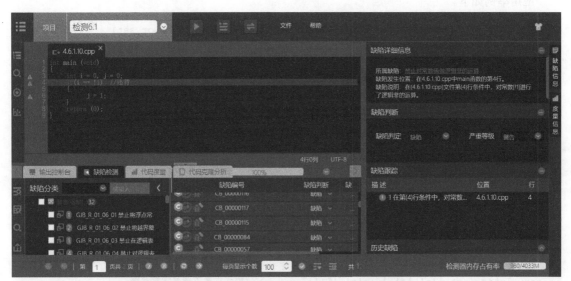

▲图 2-65　使用工具检测违背 R_1_06_10 的示例代码

遵循这条规则的示例代码如下。

```
int main(void)
{
    int i=0, j=0;
    if(i!= 1)     //遵循
    {
        j=1;
    }
    return (0);
}
```

R_1_06_11：禁止非枚举类型变量使用枚举类型的值。

违背这条规则的示例代码如下。

```
int main(void)
{
    enum Edata {Enum1=0, Enum2, Enum3};
    unsigned int data;
    data=Enum2;          //违背
    return (0);
}
```

本规则禁止非枚举类型变量使用枚举类型的值。

　　枚举类型（enumeration）是 C/C++ 中的一种派生数据类型，它是由用户定义的若干枚举常量的集合。

　　枚举类型的定义如下。

```
enum <类型名> {<枚举常量表>};
```

　　关键字 enum 指明其后的标识符是一个枚举类型的名字。

　　枚举常量表由枚举常量构成。枚举常量（或称枚举成员）是以标识符形式表示的整型常量，表示枚举类型的值。枚举常量表列出枚举类型的所有值，枚举常量之间以“,”间隔，且它们必须各不相同。取值类型与条件表达式相同。

　　应用举例如下。

```
enum color_set1 {RED, BLUE, WHITE, BLACK};       //定义枚举类型 color_set1
enum week {Sun, Mon, Tue, Wed, Thu, Fri, Sat};  //定义枚举类型 week
```

　　重要提示如下。

　　枚举常量代表该枚举类型的常量可能取的值，编译系统为每个枚举常量指定一个整数值，默认状态下，这个整数就是所列举元素的序号，序号从 0 开始。在定义枚举类型时为部分或全部枚举常量指定整数值，在指定值之前的枚举常量仍按默认方式取值，而指定值之后的枚举常量按依次加 1 的原则取值。枚举常量的值可以重复。示例代码如下。

```
enum fruit_set {apple, orange, banana=1, peach, grape};
//枚举常量 apple=0,orange=1, banana=1,peach=2,grape=3
enum week {Sun=7, Mon=1, Tue, Wed, Thu, Fri, Sat};
//枚举常量 Sun、Mon、Tue、Wed、Thu、Fri、Sat 的值分别为 7、1、2、3、4、5、6
```

　　枚举常量只能以标识符形式表示，而不能是整型、字符型等文字常量。例如，以下定义是非法的。

```
enum letter_set {'a','d','F','s','T'};            //枚举常量不能是字符常量
enum year_set{2000,2001,2002,2003,2004,2005};    //枚举常量不能是整型常量
```

　　枚举变量只能取枚举常量表所列的值——整数的一个子集。

　　枚举变量占用的内存空间与整数占用的大小相同。

　　枚举变量只能参与赋值和关系运算以及输出操作，参与运算时用其本身的整数值。例如，假设有如下定义。

```
enum color_set1 {RED, BLUE, WHITE, BLACK} color1, color2;
enum color_set2 { GREEN, RED, YELLOW, WHITE} color3, color4;
```

　　允许的赋值操作如下。

```
color1=RED;           //将枚举常量值赋给枚举变量
color3=color2;        //给相同类型的枚举变量赋值
int  i=color1;        //将枚举变量赋给整型变量
int  j=RED;           //将枚举常量赋给整型变量
```

　　允许的关系运算有==、<、>、<=、>=、!=等，示例代码如下。

```
//比较同类型枚举变量 color3、color4 是否相等
if(color3==color4) cout<<"相等";
//输出的是变量 color3 与 WHITE 的比较结果，结果为 1
cout<< color3<WHITE;
```

枚举变量可以直接输出，输出的是变量的整数值。示例代码如下。

```
cout<<color3;                  //输出的是 color3 的整数值，即 RED 的整数值 1
```

重要提示如下。

枚举变量可以直接输出，但不能直接输入。如下代码是非法的。

```
cout>>color;
```

不能直接将常量赋给枚举变量。如下代码是非法的。

```
color1=2;
```

不同类型的枚举变量之间不能相互赋值。如下代码是非法的。

```
color2=color1;
```

一般采用 switch 语句将枚举变量的输入/输出转换为字符或字符串；通常应用 switch 语句处理枚举类型的数据，以保证程序的合法性和可读性。

使用工具检测违背 R_1_06_11 的示例代码，如图 2-66 所示。

▲图 2-66　使用工具检测违背 R_1_06_11 的示例代码

遵循这条规则的示例代码如下。

```
int main(void)
{
    enum Edata {Enum1=0, Enum2, Enum3} data;
    data=Enum2;
    return (0);
}
```

R_1_06_12：在除法运算中禁止除数为零。

违背这条规则的示例代码如下。

```
int main(void)
{
    int a=5;
    int b=0;
    int c, d;
    c=a/b;      //违背
    d=a%b;      //违背
    return (0);
}
```

本规则禁止除法运算中除数为零。

在除法算式中，除号后面的数叫作除数。0 不能作为除数，使用 0 作为除数没有意义。

R_1_06_13：禁止在 sizeof 中赋值。

违背这条规则的示例代码如下。

```
int main(void)
{
    int x=1, y=2;
    int ilen;
    ilen=sizeof(x=y);      //违背
    return (0);
}
```

本规则禁止在 sizeof 中赋值。

在 C 语言中，sizeof 是一个操作符（operator），而不是函数。sizeof 用于判断数据类型或者表达式长度（所占的字节数）。

sizeof 不计算操作数的值，所以禁止在 sizeof 中赋值。

使用工具检测违背 R_1_06_13 的示例代码，如图 2-67 所示。

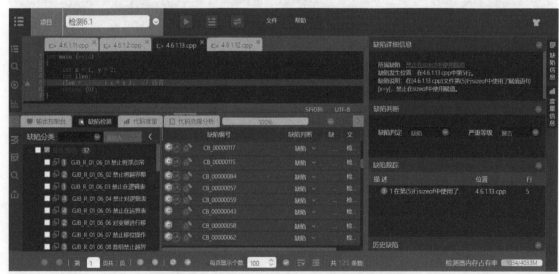

▲图 2-67　使用工具检测违背 R_1_06_13 的示例代码

遵循这条规则的示例代码如下。

```
int main(void)
{
    int x=1, y=2;
```

```
    int ilen;
    x=y;
    ilen=sizeof(x);
    return (0);
}
```

R_1_06_14：缓冲区读取操作禁止越界。

违背这条规则的示例代码如下。

```
#include <string.h>
int main(void)
{
    int src[2]={1,2};
    int des[4]={0, 0, 0, 0};
    memcpy(des,src, sizeof (des));     //违背
    return (0);
}
```

本规则禁止缓冲区读取操作越界。

memcpy( )函数从源（src）所指的内存地址的起始位置复制指定字节到目标（des）所指的内存地址的起始位置中。memcpy( )用其第 3 个参数确定复制的字节数，因此复制时读取的字节数不能超过 src 的范围，否则会导致读取越界的内存空间指向的数据。

使用工具检测违背 R_1_06_14 的示例代码，如图 2-68 所示。

▲图 2-68　使用工具检测违背 R_1_06_14 的示例代码

遵循这条规则的示例代码如下。

```
#include <string.h>
int main(void)
{
    int src[2]=(1,2);
    int des[4]={0, 0, 0, 0};
    memcpy(des,src, sizeof(src));
    return (0);
}
```

R_1_06_15：缓存区写入操作禁止越界。

违背这条规则的示例代码如下。

```
#include <string.h>
int main(void)
{
    int src[4]={1,2, 3, 4};
    int des[2]={0, 0};
    memcpy(des,src, sizeof(src));       //违背
    return (0);
}
```

本规则禁止缓存区写入操作越界。

与 R_1_06_14 规则类似，memcpy( )用其第 3 个参数确定复制的字节数，因此写入时不能超过目标（des）的范围，否则会导致写入操作越界。

遵循这条规则的示例代码如下。

```
#include <string.h>
int main(void)
{
    int src[4]={1,2, 3,4};
    int des[2]={0, 0};
    memcpy(des, src, sizeof(des));
    return (0);
}
```

R_1_06_16：禁止使用已释放的内存空间。

违背这条规则的示例代码如下。

```
#include <stdlib.h>
#include <malloc.h>
int main(void)
{
    int *x =(int *) malloc(sizeof(int));
    int y;
    if(NULL!= x)
    {
        *x=1;
        //...
        free (x);
        x=NULL;
    }
    else
    {
        return (-1);
    }
    y=(*x) ;        //违背
    return (0);
}
```

本规则禁止使用已释放的内存空间。

在上述示例中，如果 if 判断条件满足，则 x 所指向的内存空间在使用之后会被释放，因此后续语句 y=(*x)指向的地址是无效的，这会导致错误出现。

使用工具检测违背 R_1_06_16 的示例代码，如图 2-69 所示。

▲图 2-69 使用工具检测违背 R_1_06_16 的示例代码

R_1_06_17：被释放的指针必须指向最初 malloc( )、calloc( )分配的地址。

违背这条规则的示例代码如下。

```c
#include <stdlib.h>
#include <malloc.h>

int fun (void);
int main(void)
{
    int i;
    i=fun();
    return (0);
}

int fun(void)
{
    int *p =(int *)malloc (3*sizeof(int));
    if(NULL==p)
    {
        return (-1);
    }
    else
    {
        *p=1;
        p++;
        *p=2;
        free(p);//违背
        p=NULL;
    }
    return (0);
}
```

本规则要求释放的指针必须指向最初 malloc( )、calloc( )分配的地址。

在 C 语言中，可以分配内存空间的函数有 malloc( )、calloc( )、realloc( )。释放内存空间的函数有 free( )。如果分配成功，则返回指向被分配内存的指针（此存储区中的初始值不确定）；否则，返回空指针 NULL。

malloc( )函数将可用的内存块连接为一个长长的列表，即空闲链表（或者笛卡儿树或者内存桶）。当调用 malloc( )函数时，它首先沿链表寻找一个足以满足用户请求的内存块，然后将该内存块一分为二（一块的大小与用户请求的大小相等，另一块的大小就是剩下的字节数）。接下来，将分配给用户的那块内存传给用户，并将剩下的那块内存（如果有的话）返回链表合适的位置上。当没有足够大的内存时，就要将小的内存块合并成一个大的内存块。

与 malloc( )相反，当释放掉一段空间之后，free( ) 就会将相应的内存空间放回链表合适的位置上。

因此，被释放的指针必须指向最初 malloc( )、calloc( )分配的地址，否则将导致释放的内存位置出错。

使用工具检测违背 R_1_06_17 的示例代码，如图 2-70 所示。

▲图 2-70　使用工具检测违背 R_1_06_17 的示例代码

遵循这条规则的示例代码如下。

```c
#include <stdlib.h>
#include <malloc.h>

int fun(void);
int main(void)
{
    int i;
    i=fun();
    return (0);
}

int fun(void)
{
    int *p =(int *)malloc (3*sizeof(int));
    int *pbak=p;
    if(NULL==p)
    {
        return (-1);
    }
    else
    {
        *p=1;
        p++;
        *p=2;
        free(pbak);       //遵循
        pbak=NULL;
```

```
    }
    return (0);
}
```

R_1_06_18：禁止使用 gets( )函数，应使用 fgets( )函数替代。

违背这条规则的示例代码如下。

```
#include <stdio.h>
int main(void)
{
    char line [5]={0};
    printf("Input a string:");
    if(NULL==gets (line))     //违背
    {
        printf("gets error\n");
        return (-1);
    }
    else
    {
        printf("The line entered was: %s\n", line);
    }
    return (0);
}
```

本规则禁止使用 gets( )函数。

gets( )函数的原型如下。

```
char*gets(char*buffer);//读取字符到数组：gets(str)中的 str 为数组名
```

gets( )函数从键盘上获取输入字符，直至遇到换行符或 EOF 时停止，并将读取的结果存放在 buffer 指针所指向的字符数组中。

读取的换行符被转换为 NULL 值，作为字符数组的最后一个字符，以结束字符串。

注意，因为 gets( )函数没有指定输入字符大小，所以会无限读取，一旦输入的字符数大于数组长度，就会发生内存越界，从而造成程序崩溃或其他数据的错误。

fgets( )函数的原型如下。

```
char *fgets(char *s, int n, FILE *stream);//我们平时可以使用 fgets(str, sizeof(str), stdin)
```

其中，str 为数组首地址，sizeof(str)为数组大小，stdin 表示从键盘输入数据。

fgets( )函数从文件指针 stream 中读取字符，并把字符存放到以 s 为起始地址的空间中，直到读完 $n-1$ 个字符，或者读完一行。

注意，当调用 fgets( )函数时，它最多只能读入 $n-1$ 个字符。读入结束后，系统将自动在最后加'\0'，并以 str 作为函数值返回。

遵循这条规则的示例代码如下。

```
#include <stdio.h>
int main(void)
{
    char line[5]={0};
    printf("Input a string:");
    if (NULL==fgets(line, 5, stdin))     //遵循
    {
        printf("fgets error\n");
        return (-1);
    }
```

```
    else
    {
        printf("The line entered was: %s\n", line);
    }
    return (0);
}
```

R_1_06_19：使用字符串赋值、复制、追加等函数时，禁止目标字符串存储空间越界。
违背这条规则的示例代码如下。

```
#include <string.h>
#include <stdio.h>
int main(void)
{
    char string1[10]={0};
    char string2[10]={0};
    strcpy(string1, "Hello world", 11);     //违背
    strcpy(string2, "Hello", 6);
    strcat(string2, "world");               //违背
    printf("string 1=%s, string2=%s\n/z", string1, string2);
    return 0;
}
```

在使用字符串赋值、复制、追加等函数时，本规则禁止目标字符串存储空间越界。

strcpy( )函数是对 C 风格字符串进行操作的函数，示例中的"Hello world"是一个字符串，C 风格的字符串以'\0'结束，所以"Hello world"虽然看上去只有 10 个字符，但实际上应加上'\0'，即它有 11 个字符，string1[]数组只有 10 个元素，而 strcpy( )函数在遇到'\0'时停止复制，所以复制时实际上也复制了'\0'，这就导致 string1[]数组越界复制。

使用工具检测违背 R_1_06_19 的示例代码，如图 2-71 所示。

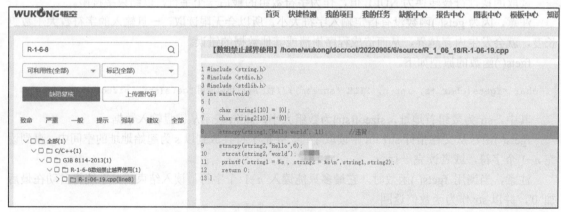

▲图 2-71　使用工具检测违背 R_1_06_19 的示例代码

遵循这条规则的示例代码如下。

```
#include <string.h>
#include <stdio.h>
int main(void)
{
    char string1[12]={0};
    char string2[12]={0};
    strcpy(string1,"Hello world",11);    //遵循
    strcpy(string2,"Hello", 6);
```

```
    strcat(string2, "world", 5);                    //遵循
    printf("string1 = %s, string2 =%s\n", string1, string2);
    return 0;
}
```

2.3.7 函数调用

1. 强制规则

R_1_07_01：禁止覆盖标准函数库的函数。

违背这条规则的示例代码如下。

```
int printf(int a, int b)    //违背
{
    return ((a>b)?a:b);
}
int main(void)
{
    int ret;
    ret=printf(2, 3);
    return (0);
}
```

本规则禁止覆盖标准函数库的函数。

在上述示例中，printf()是 C 语言标准函数库中的函数，不允许再定义一个同名的函数。

使用工具检测违背 R_1_07_01 的示例代码，如图 2-72 所示。

▲图 2-72 使用工具检测违背 R_1_07_01 的示例代码

R_1_07_02：禁止函数的实参类型和形参类型不一致。

违背这条规则的示例代码如下。

```
unsigned int sum(unsigned int p1, unsigned short p2);
int main(void)
{
    unsigned int ix, iy, iz;
    ix=1;
```

```
        iy=2;
        iz=sum(ix, iy);            //违背
        return (0);
}

unsigned int sum(unsigned int p1, unsigned short p2)
{
        unsigned int ret;
        ret=(unsigned int) (p1 + p2);
        return ret;
}
```

本规则禁止函数的实参类型和形参类型不一致。

在 C 语言中，当实参类型和形参类型不一致时，会对形参进行隐式的强制转换，导致潜在计算错误的发生。

使用工具检测违背 R_1_07_02 的示例代码，如图 2-73 所示。

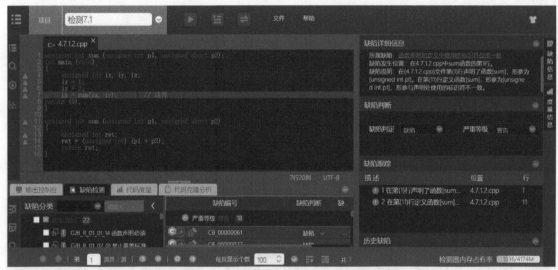

▲图 2-73　使用工具检测违背 R_1_07_02 的示例代码

遵循这条规则的示例代码如下。

```
unsigned int sum(unsigned int p1, unsigned short p2);
int main(void)
{
        unsigned int ix, iy, iz;
        ix=1;
        iy=2;
        iz=sum(ix,(unsigned short) iy);     //遵循
        return (0);
}
unsigned int sum(unsigned int p1, unsigned short p2)
{
        unsigned int ret;
        ret=(unsigned int)(p1 + p2);
        return ret;
}
```

R_1_07_03：实参与形参的个数必须一致。

违背这条规则的示例代码如下。

```
int fcal(int x, int y);
int main(void)
{
    int datax, datay, dataz;
    datax=2;
    datay=1;
    dataz=fcal(datax, datay, datax);        //违背
    return (0);
}
int fcal(int x, int y)
{
    int ret=x+y;
    return ret;
}
```

本规则要求实参与形参的个数必须一致。

在 C 语言中，若实参和形参的个数不一致，代码能通过编译和链接，但是运行过程中会产生严重的运行时错误。

使用工具检测违背 R_1_07_03 的示例代码，如图 2-74 所示。

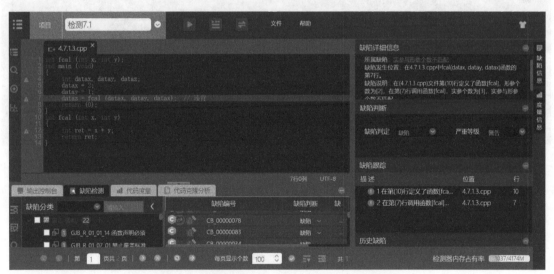

▲图 2-74　使用工具检测违背 R_1_07_03 的示例代码

R_1_07_04：禁止使用旧的函数参数表定义形式。

旧的函数参数表定义形式如下。

```
function_type function_name (parameter_name1, parameter_name2,…)
parameter_type1 parameter_name1;
parameter_type2 parameter_name2;
...;
{ }
```

违背这条规则的示例代码如下。

```
void fun(int *p1, int *p2);
int main(void)
```

```
{
    int i=0, j=0;
    fun(&i,&j);
    return (0);
}
void fun(p1, p2)                       //违背
int *p1;
int *p2;
{
    *p1=*p1+1;
    *p2=*p2+2;
}
```

使用工具检测违背 R_1_07_04 的示例代码，如图 2-75 所示。

▲图 2-75　使用工具检测违背 R_1_07_04 的示例代码

R_1_07_05：函数声明和函数定义中的参数类型必须一致。

本规则要求函数声明和函数定义中的参数类型必须一致。

遵循这条规则的示例代码如下。

```
int comp(int datal, int data2);   //遵循
int main(void)
{
    int v, d, h;
    v=10;
    d=20;
    h=comp(v, d);
    return (0);
}
int comp(int data1, int data2)    //遵循
{
    int data;
    data=2*data1+data2;
    return data;
}
```

R_1_07_06：函数声明和函数定义中的返回类型必须一致。

违背这条规则的示例代码如下。

```
unsigned int fun(unsigned int par);    //违背
int main(void)
{
    unsigned int i=1;
    unsigned int j;
    j=fun(i);
    return (0);
}
int fun(unsigned int par)       //违背
{
    if(1==par)
    {
        return (-1);
    }
    else if(2==par)
    {
        return (1);
    }
    else
    {
        return (0);
    }
}
```

本规则要求函数声明和函数定义中的返回类型必须一致。

在 C 语言中，函数声明关注的是函数返回值类型、函数名称、函数参数类型，并不关注函数参数名称，因此函数参数名称可以在声明时省略，在定义时取任意名称。

用以下 3 种方式声明和定义函数都是正确的。

第一种是常用的，函数声明和定义中的参数名称均一致。

```
int add(int a, int b);  //函数声明
int add(int a, int b)   //函数定义
{
    return a+b;
}
```

第二种形式是在函数声明中省略参数名称。

```
int add(int, int);      //函数声明
int add(int a, int b)   //函数定义
{
    return a+b;
}
```

第三种形式是在函数声明和定义中参数名称不一致。

```
int add(int a, int b);  //函数声明
int add(int c, int d)   //函数定义
{
    return c+d;
}
```

R_1_07_07：有返回值的函数必须通过返回语句返回。

违背这条规则的示例代码如下。

```c
int fun(int a, int *b);
int main(void)
{
    int i=1, j=2;
    int k;
    k=fun(i,&j);
    return (0);
}
int fun(int a, int *b)
{
    if(1==a)
    {
        *b=*b+a;
        return (1);
    }
    else
    {
        *b=*b-a;        //违背
    }
}
```

本规则要求有返回值的函数必须通过返回语句返回。

return 是 C 语言中的一个关键字，意为程序从被调函数返回主调函数，继续执行，返回值由 return 后面的参数指定。return 通常是必要的，因为在调用函数的时候，计算结果通常是通过返回值返回的。即使函数执行后不需要返回计算结果，也经常需要返回一个状态码（例如，0 或−1）来表示函数是否顺利执行，主调函数可以通过返回值判断被调函数的执行情况。

使用工具检测违背 R_1_07_07 的示例代码，如图 2-76 所示。

▲图 2-76　使用工具检测违背 R_1_07_07 的示例代码

R_1_07_08：禁止无返回值函数的返回语句带返回值。

违背这条规则的示例代码如下。

```
void fun(int a, int *b);
int main(void)
{
    int i=1,j=2;
    fun(i, &j);
    return (0);
}
void fun(int a, int *b)
{
    if(0==a)
    {
        *b=*b+a;
    }
    else
    {
        *b=*b-a;
    }
    return (a+1);        //违背
}
```

本规则禁止无返回值函数的返回语句带返回值。

定义为 void 的函数表示函数结束时不返回值，函数自然结束，因此不能通过 return 返回任何值。

使用工具检测违背 R_1_07_08 的示例代码，如图 2-77 所示。

▲图 2-77 使用工具检测违背 R_1_07_08 的示例代码

R_1_07_09：有返回值的函数的返回语句必须带返回值。

违背这条规则的示例代码如下。

```
int fun(int a, int *b);
int main(void)
{
    int i=1,j=2;
    int k;
    k=fun(i, &j);
    return (0);
}
```

```
int fun(int a, int *b)
{
    if(0==a)
    {
        *b=*b+a;
    }
    else
    {
        *b=*b-a;
    }
    return;      //违背
}
```

本规则要求有返回值的函数的返回语句必须带返回值。

在上述示例中，fun( )函数定义中的返回值为整数，因此在函数结束时必须返回一个值，而不留空。

使用工具检测违背 R_1_07_09 的示例代码，如图 2-78 所示。

▲图 2-78　使用工具检测违背 R_1_07_09 的示例代码

R_1_07_10：函数返回值的类型必须与定义的一致。

违背这条规则的示例代码如下。

```
unsigned int fun(unsigned int par);
int main(void)
{
    unsigned int i = 1;
    unsigned int j;
    j = fun (i);
    return(0);
}
unsigned int fun(unsigned int par)
{
    if(1 == par)
    {
        return (-1);      //违背
    }
    else if(2 == par)
    {
        return (1.5);     //违背
    }
}
```

```
    else
    {
        return (2*par);
    }
}
```

本规则要求函数返回值的类型必须与定义的一致。

在上述示例中，函数定义的返回值类型为无符号整型，而判断语句中的–1 与 1.5 分别为有符号整型和浮点型，与函数定义的返回值类型（无符号整型）不一致。

使用工具检测违背 R_1_07_10 的示例代码，如图 2-79 所示。

▲图 2-79　使用工具检测违背 R_1_07_10 的示例代码

R_1_07_11：对于具有返回值的函数，如果不使用其返回值，调用时应使用"（void）"说明。

违背这条规则的示例代码如下。

```
int func(int para)
{
    int stat;
    if(para>=0)
    {
        //...
        stat=1;
    }
    else
    {
        //...
        stat=-1;
    }
    return (stat);
}
int main(void)
{
    int local=0;
    //...
    func(local);        //违背
    //...
    return (0);
}
```

本规则要求，对于具有返回值的函数，如果不使用其返回值，调用时应使用"（void）"说明。

在上述示例中，func( )函数的定义中有返回值，因此在调用 func( )函数时，如果不使用其返回值，则应该用"（void）"说明。

使用工具检测违背 R_1_07_11 的示例代码，如图 2-80 所示。

▲图 2-80　使用工具检测违背 R_1_07_11 的示例代码

遵循这条规则的示例代码如下。

```c
int func(int para)
{
    int stat;
    if(para>=0)
    {
        //...
        stat=1;
    }
    else
    {
        //...
        stat=-1;
    }
    return (stat);
}
int main(void)
{
    int local=0;
    int sign=0;
    //...
    sign =func(local);     //遵循
    //...
    (void)func(local);        //遵循
    //...
    return (0);
}
```

R_1_07_12：对于无返回值的函数，调用时禁止再用"（void）"重复说明。

违背这条规则的示例代码如下。

```c
void func(int para)
{
    int i=para+1;
```

```
    //...
}
int main(void)
{
    int local=0;
    (void)func(local);         //违背
    return (0);
}
```

本规则禁止无返回值的函数在调用时再用"（void）"重复说明。

在上述示例中，func( )函数在定义时已经声明无返回值，因此在调用时不能用"（void）"重复说明。

遵循这条规则的示例代码如下。

```
void func(int para)
{
    int i=para+1;
    //...
}
int main(void)
{
    int local=0;
    func(local);                   //遵循
    return (0);
}
```

R_1_07_13：静态函数必须在程序中使用。

违背这条规则的示例代码如下。

```
static int fun(int paData);
int main(void)
{
    int i, thData;
    thData=2;
    i = 2*thData;
    return (0);
}
static int fun(int paData)      //违背
{
    int i;
    i = 2*paData;
    return i;
}
```

本规则要求静态函数必须在程序中使用。

静态函数是函数的一种。函数包括静态函数和非静态函数两种。其中，静态函数是用 static 修饰的函数，如果不用 static 修饰，则函数为非静态函数（全局函数）。

当整个程序只有一个 C 文件时，静态函数和非静态函数没有区别。当程序由多个 C 文件组成时，静态函数和非静态函数的作用域不同，即可使用的范围不同。其中，静态函数只能在对应文件中使用，无法跨文件；而非静态函数可以在任何一个文件中使用，当在其他文件中使用时，需要先声明。

R_1_07_14：禁止在同一个表达式中调用多个顺序相关的函数。

违背这条规则的示例代码如下。

```
unsigned int Vel(unsigned int *pcData);
unsigned int Acc(unsigned int *pcData);
int main(void)
```

```
{
    unsigned int dis, hei;
    dis=3;
    hei=Vel(&dis)+Acc(&dis)        //违背
    return (0);
}

unsigned int Vel(unsigned int *pcData)
{
    unsigned int x=(*pcData);
    (*pcData)=x*x;
    return x;
}
unsigned int Acc(unsigned int *pcData)
{
    unsigned int x=(*pcData);
    (*pcData)=2*x;
    return x;
}
```

本规则禁止在同一个表达式中调用多个顺序相关的函数。

在上述示例中，dis 变量的地址同时由 Vel( )和 Acc( )函数计算，dis 的值将被两个函数修改，这会引起计算错误。

使用工具检测违背 R_1_07_14 的示例代码，如图 2-81 所示。

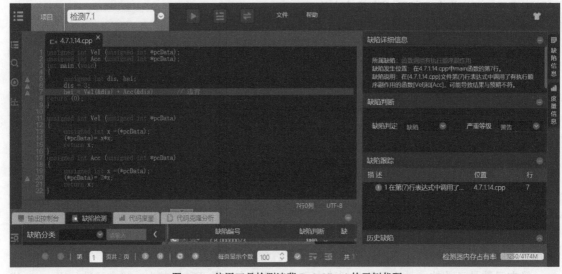

▲图 2-81　使用工具检测违背 R_1_07_14 的示例代码

遵循这条规则的示例代码如下。

```
unsigned int Vel(unsigned int *pcData);
unsigned int Acc(unsigned int *pcData);
int main(void)
{
    unsigned int dis, hei, temp1, temp2;
    dis=3;
    temp1=Vel(&dis);
    temp2=Acc(&dis);
    hei=temp1 + temp2;    //遵循
    return (0);
}
```

```
unsigned int Vel(unsigned int *pcData)
{
    unsigned int x=(*pcData);
    (*pcData)= x*x;
    return x;
}
unsigned int Acc(unsigned int *pcData)
{
    unsigned int x=(*pcData);
    (*pcData)=2*x;
    return x;
}
```

R_1_07_15：禁止在函数参数表中使用省略号。

违背这条规则的示例代码如下。

```
int fun(int datax, ...);     //违背
int main(void)
{
    int ix, iy, iz;
    ix=1;
    iy=2;
    iz=fun(ix, iy);
    return (0);
}
int fun(int datax, ...)      //违背
{
    int temp;
    temp=2*datax;
    return temp;
}
```

本规则禁止在函数参数表中使用省略号。

C++允许定义形参个数和类型不确定的函数。例如，C 语言中的标准函数 printf( )便使用这种机制。在声明形参不确定的函数时，形参部分可以使用省略号。省略号告诉编译器，在调用函数时不检查形参类型是否与实参类型相同，也不检查参数个数。

在上面的代码中，编译器只检查第一个参数是否为整型，而不对其他参数进行检查。

使用工具检测违背 R_1_07_16 的示例代码，如图 2-82 所示。

▲图 2-82　使用工具检测违背 R_1_07_16 的示例代码

2. 建议规则

A_1_07_4：当函数中的数组变量作为参数指针传递时，建议同时传递数组长度。

说明性示例如下。

```
void fun1(int p[])     //提示
{
    int i;
    for(i=0;i<6;i++)
    {
        p[i]=p[i]+1;
    }
}
void fun2(int *p)      //提示
{
    int i;
    for(i=0;i<6;i++)
    {
        p[i]=p[i]+1;
    }
}
int main(void)
{
    int a[6]={0, 1,2, 3,4,5};
    fun1(a);
    fun2(a);
    return (0);
}
```

本规则要求当函数中数组变量作为参数指针传递时，同时传递数组长度。

作为参数传递数组，实际上传递给函数数组的首地址，同时传递数组长度，方便在函数内遍历数组时使用。

第3章 C语言安全标准（二）

3.1 关于语句使用的规则

本节介绍关于语句使用的强制规则。

R_1_08_01：禁止使用不可达语句。

违背这条规则的示例代码如下。

```
int main(void)
{
    int local=0;
    int para=0;
    //...
    switch(para)
    {
        local=para;        //违背
        case 1:
        //...
            break;
        case 2:
        //...
            break;
        default:
        //...
            break;
    }
    return local;
    para ++;                //违背
}
```

本规则禁止使用不可达语句。

switch 是一种选择结构的语句，用来代替简单的、拥有多个分支的 if...else 语句，基本格式如下。

```
switch(表达式){
    case 整型数值1：语句1；
    case 整型数值2：语句2；
    ...
    case 整型数值n：语句n；
    default：语句n+1；
}
```

它的执行过程如下。

（1）计算表达式的值，假设它为 m。

（2）从第一个 case 开始，比较 1 和 m，如果它们相等，就执行冒号后面的所有语句，也就是从语句 1 一直执行到语句（n+1），而不管后面的 case 是否匹配成功。

（3）如果 1 和 m 不相等，就跳过冒号后面的语句 1，继续和后面的整型数值比较。一旦发现 m 和某个整型数值相等，就会执行后面所有的语句。假设 5 和 m 相等，就会从语句 5 一直执行到语句（n+1）。

（4）如果直到整型数值 n 都没有找到相等的值，就执行 default 后的语句（n+1）。

在上述示例中，第一个 case 之前的 local 变量赋值语句将不执行。

return 是一个函数的结束语句，return 之后的语句将不执行。

使用工具检测违背 R_1_08_01 的示例代码，如图 3-1[①]所示。

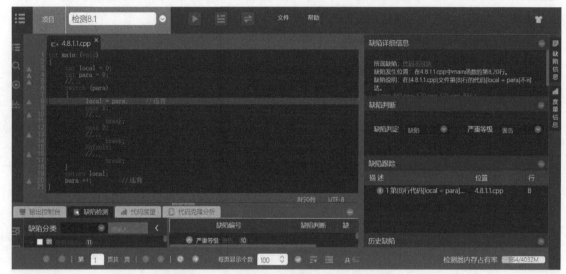

▲图 3-1　使用工具检测违背 R_1_08_01 的示例代码

正确的示例代码如下。

```
void fun1(int p[], int n)      //遵循
{
    int i;
    for(i=0;i<n;i++)
    {
        p[i]=p[i]+1;
    }
}
void fun2(int *p, int n)       //遵循
{
    int i;
    for(i=0;i<n;i++)
    {
        p[i]=p[i]+1;
    }
}
```

---

① 把代码复制到代码检测工具中之后，代码可能会在格式上有一些小的变化，如有多余的空格等。

```
int main(void)
{
    int i;
    int a[6]=(0,1,2,3,4,5);
    i=sizeof(a)/sizeof(int);
    fun1(a, i);
    fun2(a, i);
    return (0);
}
```

R_1_08_02：禁止使用不可达分支。

违背这条规则的示例代码如下。

```
int main(void)
{
    unsigned int local=0;
    unsigned int para=0;
    //...
    if(local>=0)
    {
        para=1;
    }
    else        //违背
    {
        para=2;
    }
    if(1==para)
    {
        //...
    }
    return (0);
}
```

本规则禁止使用不可达分支。

在上述示例中，由于变量 local 定义为无符号整型，因此 local 的取值一定大于或等于 0，也就是说，else 分支的语句由于永远不可能满足条件而不执行。

R_1_08_03：禁止使用无效语句。

违背这条规则的示例代码如下。

```
int main(void)
{
    unsigned int local=0;
    unsigned int para=0;
    //...
    local;          //违背
    para - 0;       //违背
    local==para;    //违背
    local>para;     //违背
    return (0);
}
```

使用工具检测违背 R_1_08_03 的示例代码，如图 3-2 所示。

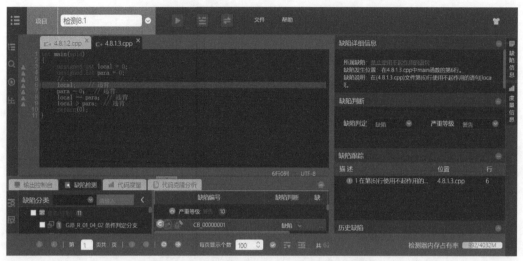

▲图 3-2 使用工具检测违背 R_1_08_03 的示例代码

R_1_08_04：使用八进制数时必须明确注释。

注意，八进制数必须以"/* octal*/"明确注释。

违背这条规则的示例代码如下。

```
int main(void)
{
    int code[3];
    code[0]=109;
    code[1]=100;
    code[2]=011;   //违背
    return(0);
}
```

本规则要求使用八进制数时必须明确注释。

在上述示例代码中，"011"属于八进制数，在被赋值给整型数组时应该添加注释，否则容易引起程序理解上的错误。

使用工具检测违背 R_1_08_04 的示例代码，如图 3-3 所示。

▲图 3-3 使用工具检测违背 R_1_08_04 的示例代码

遵循这条规则的示例代码如下。

```
int main(void)
{
    int code[3];
    code[0]=109;
    code[1]=100;
    code[2]=011;                //遵循
    return (0);
}
```

R_1_08_05：数字类型后缀必须使用大写字母。

违背与遵循这条规则的示例代码如下。

```
unsigned int    ucV1=0U;    //遵循
unsigned int    ucV2=0u;    //违背
long            lV1=0L;      //遵循
long            lV2=0l;      //违背
float           fV1=0.0F;    //遵循
float           fV2=0.0f;    //违背
double          ldV1=0.0L;   //遵循
double          ldV2=0.0l;   //违背
```

使用工具检测违背 R_1_08_05 的示例代码，如图 3-4 所示。

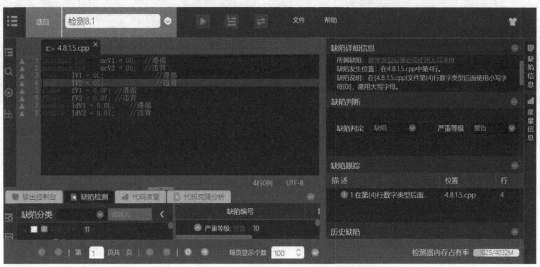

▲图 3-4　使用工具检测违背 R_1_08_05 的示例代码

3.1.1　关于循环控制的规则

本节介绍关于循环控制的强制规则。

R_1_09_01：for 循环中的控制变量必须使用局部变量。

违背这条规则的示例代码如下。

```
unsigned int Ginum=0;
int main(void)
```

```
{
    int i=10;
    for(Ginum=0; Ginum<10; Ginum++)        //违背
    {
        i=i-1;
    }
    return (0);
}
```

本规则要求 for 循环中的控制变量必须使用局部变量。

在上述示例中，for 循环语句中的循环控制变量 Ginum 是一个全局变量，全局变量有可能被外部修改，这会导致循环控制的不确定性，引发潜在错误。

使用工具检测违背 R_1_09_01 的示例代码，如图 3-5 所示。

▲图 3-5　使用工具检测违背 R_1_09_01 的示例代码

R_1_09_02：for 循环中的控制变量必须使用整型变量。

违背这条规则的示例代码如下。

```
int main(void)
{
    float f=0.0, g=1.0;
    for(f=0.0; f<10.0; f=f+1.0)//违背
    {
        g=f+g;
    }
    return (0);
}
```

本规则要求 for 循环中的控制变量必须使用整型变量。

循环结构重复执行循环体内的语句 N 次，因此要求 N 的数量是可清晰计算循环次数的整数，浮点数存在精确度问题，这不能确保精确计算和判断 N 的边界，从而导致循环次数的不确定性，引发相关错误。

使用工具检测违背 R_1_09_02 的示例代码，如图 3-6 所示。

▲图 3-6　使用工具检测违背 R_1_09_02 的示例代码

R_1_09_03：禁止在 for 循环体内部修改循环控制变量。

注意，本规则体现了 for 循环的最大循环次数必须是事先可控的，如果在循环过程中循环步长需要依据处理情况进行改变，应在 for 循环体内部用其他变量进行控制。

违背这条规则的示例代码如下。

```
int main(void)
{
    int i, j, k;
    j=100;
    k=0;
    for(i=0;i<j;i++)
    {
        i=2*i;        //违背
        k=k+1;
    }
    return (0);
}
```

本规则禁止在 for 循环体内部修改循环控制变量。

在上述示例中，循环控制变量 i 的值在 for 循环体内被 i=2*i 语句修改，这导致循环次数与预定义的不一致。

使用工具检测违背 R_1_09_04 的示例代码，如图 3-7 所示。

▲图 3-7　使用工具检测违背 R_1_09_04 的示例代码

R_1_09_04：无限循环必须使用 while(1)语句，禁止使用 for(;;)等其他形式的语句。

违背这条规则的示例代码如下。

```c
int Gstate = 0;
int main(void)
{
    for(;;)      //违背
    {
        //...
        if(1==Gstate)
        {
            break;
        }
    }
    return (0);
}
```

本规则要求无限循环必须使用 while(1)语句，禁止使用 for(;;)等其他形式的语句。

如果对一个需求有明确的循环次数，那么使用 for 循环；如果不知道循环多少次，那么使用 while 循环。

使用工具检测违背 R_1_09_04 的示例代码，如图 3-8 所示。

▲图 3-8　使用工具检测违背 R_1_09_04 的示例代码

遵循这条规则的示例代码如下。

```c
int Gstate= 0;
int main(void)
{
    while(1)     //遵循
    {
        //...
        if(1==Gstate)
        {
            break;
        }
    }
    return (0);
}
```

3.1.2 关于类型转换的规则

本节中的相关规则主要强调类型转换问题的检测。

根据 C/C++语言的特点，即使代码中存在类型转换问题，往往也能通过编译，但是类型转换可能带来精度丢失等问题。

示例代码如下。

```
int main()
{
    char ch=0;
    int n=0;
    //...
    ch=n;

    return 0;
}
```

用 PCLint 等静态代码分析工具可以检查找出类型转换造成的精度丢失问题，如图 3-9 所示。

```
FlexeLint for C/C++ (Unix) Vers. 9.00L, Copyright Gimpel Software 1985-2014
--- Module: simple.cpp (C++)
      1  int main()
      2  {
      3    char ch = 0;
      4    int n = 0;
      5    //...
                     _
      6    ch = n;
simple.cpp  6  Info 734: Loss of precision (assignment) (31 bits to 7 bits)
simple.cpp  6  Info 838: Previously assigned value to variable 'ch' has not been used
      7
                       _
      8    return 0;
simple.cpp  8  Warning 438: Last value assigned to variable 'ch' (defined at line 3) not used
         _
      9  }
simple.cpp  9  Warning 550: Symbol 'ch' (line 3) not accessed
```

▲图 3-9 精度丢失问题

下面介绍关于类型转换的强制规则。

R_1_10_01：浮点型变量在赋给整型变量时必须强制转换类型。

违背这条规则的示例代码如下。

```
int main(void)
{
    int ix, iy;
    float fx=1.85;
    float fy=-1.85;
    ix=fx;      //违背
    iy=fy;      //违背
    return (0);
}
```

本规则要求浮点型变量在赋给整型变量时强制转换类型。

浮点数可以赋给整型变量。但要注意，赋值结果会略去小数部分。因此浮点型变量在赋给整型变量之前必须强制转换类型。

使用工具检测违背 R_1_10_01 的示例代码，如图 3-10 所示。

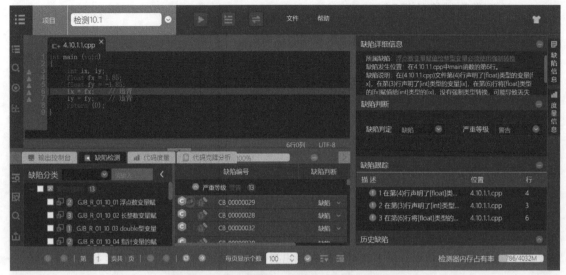

▲图 3-10　使用工具检测违背 R_1_10_01 的示例代码

遵循这条规则的示例代码如下。

```
#define Round(x)((x)>= 0?(int)((x)+0.5):(int)((x)-0.5))
int main(void)
{
    int ix, iy;
    float fx=1.85;
    float fy=-1.85;
    ix=(int)(fx);    //遵循
    ix=Round(fx);    //遵循
    iy=(int)(fy);    //遵循
    iy=Round(fy);    //遵循
    return (0);
}
```

R_1_10_02：长整型变量在赋给短整型变量时必须强制转换类型。

违背这条规则的示例代码如下。

```
int main(void)
{
    signed char cVar=0;
    short sVar=0;
    int iVar=0;
    long lVar=0;
    cVar=sVar;    //违背
    sVar=iVar;    //违背
    iVar=lVar;    //违背
    return (0);
}
```

本规则要求长整型变量在赋给短整型变量时强制转换类型。

对于 C 语言来说，根据系统和 C 编译器，基本整型变量的长度会有所不同，当把长整型变量赋给短整型变量时，编译器会对长整型变量进行截断，因此赋值之前必须强制转换类型。

使用工具检测违背 R_1_10_02 的示例代码，如图 3-11 所示。

▲图 3-11　使用工具检测违背 R_1_10_02 的示例代码

遵循这条规则的示例代码如下。

```
int main(void)
{
    signed char cVar=0;
    short sVar=0;
    int iVar=0;
    long IVar=0;
    cVar=(signed char)sVar;    //遵循
    sVar=(short)iVar;          //遵循
    iVar=(int)IVar;            //遵循
    return (0);
}
```

R_1_10_03：double 型变量在赋给 float 型变量时必须强制转换类型。

违背这条规则的示例代码如下。

```
int main(void)
{
    double dData=0.0;
    float fData;
    fData=dData;                  //违背
    return (0);
}
```

本规则要求 double 型变量在赋给 float 型变量时强制转换类型。

double 表示双精度浮点型，取值范围比 float 型变量的大，当赋给 float 型变量时必须强制转换类型。

使用工具检测违背 R_1_10_03 的示例代码，如图 3-12 所示。

▲图 3-12 使用工具检测违背 R_1_10_03 的示例代码

遵循这条规则的示例代码如下。

```
int main(void)
{
    double dData=0.0;
    float fData;
    fData=(float)dData;        //遵循
    return (0);
}
```

R_1_10_04：指针变量的赋值类型必须与指针变量的类型一致。

违背这条规则的示例代码如下。

```
#include <stdlib.h>
int main(void)
{
    unsigned int *ptr=NULL;
    unsigned short uid= 0;
    ptr=(unsigned short *)(&uid);    //违背
    ptr=(&uid);                      //违背
    return (0);
}
```

本规则要求指针变量的赋值类型与指针变量的类型一致。

指针指向变量的内存地址，因此指针之间赋值也需要确保变量类型一致，否则指向的内存地址范围会因变量赋值而改变。

使用工具检测违背 R_1_10_04 的示例代码，如图 3-13 所示。

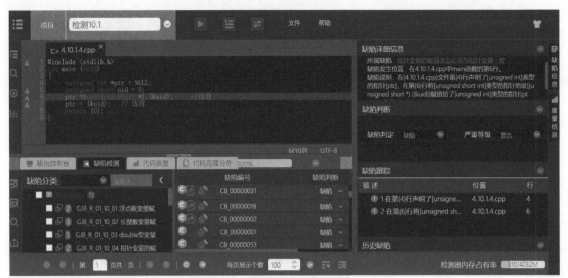

▲图 3-13　使用工具检测违背 R_1_10_04 的示例代码

遵循这条规则的示例代码如下。

```
#include <stdlib.h>
int main(void)
{
    unsigned int *ptr=NULL;
    unsigned short uid=0;
    ptr=(unsigned int *)(&uid);      //遵循
    return (0);
}
```

R_1_10_05：当将指针量赋予非指针变量或将非指针量赋予指针变量时，必须进行强制转换。
违背这条规则的示例代码如下。

```
#include <stdlib.h>
int main(void)
{
    unsigned int *ptr=NULL;
    unsigned int adr=0;
    unsigned int uid=0;
    ptr=adr;        //违背
    adr=&uid;       //违背
    return (0);
}
```

本规则要求将指针量赋予非指针变量或将非指针量赋予指针变量时，进行强制转换。

指针与变量是不同的概念，指针指向变量的内存地址，而变量是存储的实际值，因此为了在指针变量与非指针变量之间赋值需要先进行强制转换。

使用工具检测违背 R_1_10_05 的示例代码，如图 3-14 所示。

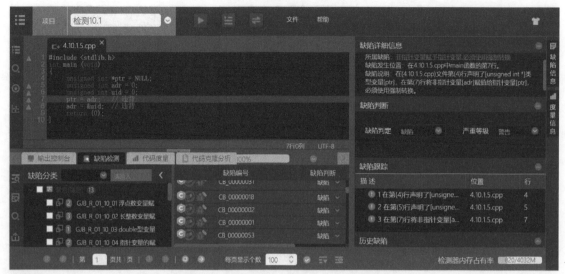

▲图 3-14　使用工具检测违背 R_1_10_05 的示例代码

遵循这条规则的示例代码如下。

```
include<stdlib.h>
int main(void)
{
    unsigned int *ptr=NULL;
    unsigned int adr=0;
    unsigned int uid=0;
    ptr=(unsigned int *)adr;      //遵循
    adr=(unsigned int)(&uid);     //遵循
    return (0);
}
```

R_1_10_06：禁止进行无实质作用的类型转换。

违背这条规则的示例代码如下。

```
int main(void)
{
    unsigned int sx, sy=10, sz;
    sx=(unsigned int)sy+2;                          //违背
    sz=(unsigned int)((float)((sx + sy)*2/3)+ 0.5); //违背
    return (0);
}
```

本规则禁止进行无实质作用的类型转换。

在上述示例代码中，sy 本身定义为 unsigned int 类型，与 2 相加的计算结果仍然是 unsigned int 类型，赋给 sx 也是预先定义的 unsigned int 类型，因此没有必要在前面进行强制类型转换。

在上述代码中，（float）类型强制转换作用于(sx+sy)*2/3，由于 sx 和 sy 是整型变量，因此在乘以 2/3 前就应该进行类型转换，否则参与运算时会被隐式转换为 float 类型，这时再用 float 进行强制类型转换就失去实质意义了。

使用工具检测违背 R_1_10_06 的示例代码，如图 3-15 所示。

▲图 3-15 使用工具检测违背 R_1_10_06 的示例代码

遵循这条规则的示例代码如下。

```
int main(void)
{
    unsigned int sx, sy=10, sz;
    sx=sy+2;                                    //遵循
    sz=(unsigned int)(((float)(sx + sy)*2/3)+0.5);   //遵循
    return (0);
}
```

3.1.3 关于初始化的规则

本节介绍关于初始化的强制规则。

R_1_11_01：禁止未赋值就使用变量。

违背这条规则的示例代码如下。

```
int main(void)
{
    int i;
    float x, y, z;
    x=z;            //违背
    if(0==i)        //违背
    {
        y=z;        //违背
    }
    return (0);
}
```

本规则禁止变量未赋值就使用。

若变量定义后未初始化，其值是未知的，这时使用变量（如参与 if 语句的判断计算）会造成数值计算的不确定性，导致潜在的错误。

使用工具检测违背 R_1_11_01 的示例代码，如图 3-16 所示。

▲图 3-16　使用工具检测违背 R_1_11_01 的示例代码

遵循这条规则的示例代码如下。

```
int main(void)
{
    int i=0;
    float x, y, z;
    z=0.0;
    x=z;                    //遵循
    if(0==i)                //遵循
    {
        y=z;                //遵循
    }
    return (0);
}
```

R_1_11_02：变量初始化禁止隐含依赖系统的默认值。
违背这条规则的示例代码如下。

```
int Gstate;                 //违背
int main(void)
{
    static int StateN;      //违背
    if(1==Gstate)
    {
        StateN=StateN+1;
    }
    return (0);
}
```

本规则禁止变量初始化隐含依赖系统的默认值。

全局变量和静态变量均存储在全局数据区。全局变量和静态变量如果没有手工初始化，则由编译器初始化为 0。局部变量的值不可知。

这里要求不依赖编译器的初始化，且要求显式声明变量值。

使用工具检测违背 R_1_11_02 的示例代码，如图 3-17 所示。

▲图 3-17 使用工具检测违背 R_1_11_02 的示例代码

遵循这条规则的示例代码如下。

```
int Gstate=0;                          //遵循
int main(void)
{
    static int StateN=0;               //遵循
    if(1==Gstate)
    {
        StateN=StateN+1;
    }
    return (0);
}
```

R_1_11_03：初始化结构的嵌套结构必须与定义的一致。

违背这条规则的示例代码如下。

```
struct Spixel
{
    unsigned int colour;
    struct Scoords
    {
        unsigned int x;
        unsigned int y;
    }coords;
};
int main(void)
{
    struct Spixel pixel={1, 2, 3};       //违背
    return (0);
}
```

本规则要求初始化结构的嵌套结构必须与定义的一致。

结构的定义如下。

```
struct obj_type
{
    char a;
    int b;
    float c;
    double d;
}
```

结构初始化方式有 3 种。

第 1 种，位置对应值，位置必须对应序列。

```
struct obj_type obj=
{
    10,
    1000,
    1.1,
    1.1111
}
```

第 2 种，用点号形式访问值，无关参数取默认值，并且赋值项清晰明了。

```
struct obj_type obj=
{
    .a=10,
    .c=1.1
}
```

第 3 种，用冒号指示值。

```
struct obj_type obj=
{
    a:10,
    c:1.1
}
```

嵌套结构的初始化方法与上述方法类似，需要与定义时的结构保持一致。

使用工具检测违背 R_1_11_03 的示例代码，如图 3-18 所示。

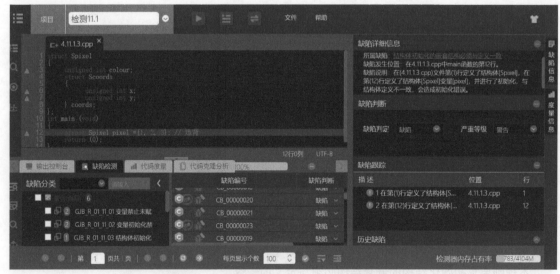

▲图 3-18　使用工具检测违背 R_1_11_03 的示例代码

遵循这条规则的示例代码如下。

```
struct Spixel
{
    unsigned int colour;
    struct Scoords
    {
```

```
        unsigned int x;
        unsigned int y;
    }coords;
};
int main(void)
{
    struct Spixel pixel={1,{2, 3}};    //遵循
    return (0);
}
```

R_1_11_04：枚举元素定义中的初始化必须完整。

违背这条规则的示例代码如下。

```
int main(void)
{
    enum Etype {
        RED,
        WHITE=0,   //违背
        BLUE
    }edata;
    edata=BLUE;
    return (0);
}
```

本规则要求枚举元素定义中的初始化必须完整。

规范的枚举元素初始化方法是或初始化第一个元素，或初始化所有元素。

使用工具检测违背 R_1_11_04 的示例代码，如图 3-19 所示。

▲图 3-19　使用工具检测违背 R_1_11_04 的示例代码

遵循这条规则的示例代码如下。

```
int main(void)
    enum Etype 1 {
        RED=0,
        WHITE,          //遵循
        BLUE
    } edata 1;
    enum Etype2 {   //遵循
        BLACK=3,
```

```
    GREEN=4,
    YELLOW=5
} edata2;
edata1=BLUE;
edata2=GREEN;
return (0);
}
```

3.1.4　关于比较判断的规则

本节介绍关于比较判断的强制规则。

R_1_12_01：禁止对逻辑变量进行大于或小于的逻辑比较。

违背这条规则的示例代码如下。

```
typedef unsigned int bool;
int main(void)
{
    bool outReg1, outReg2;
    int r=100, h=500, flag=0;
    outReg1=(r>100);
    outReg2=(h>300);
    if(outReg1>outReg2)     //违背
    {
        flag=1;
    }
    if(outReg1<outReg2)     //违背
    {
        flag=2;
    }
    return (0);
}
```

本规则禁止对逻辑变量进行大于或小于的逻辑比较。

在上述示例代码中，逻辑变量 outReg1 和 outReg2 是布尔变量，取值要么是真要么是假，两者没有大于或小于的逻辑关系。

使用工具检测违背 R_1_12_01 的示例代码，如图 3-20 所示。

▲图 3-20　使用工具检测违背 R_1_12_01 的示例代码

遵循这条规则的示例代码如下。

```
typedef unsigned int bool;
int main(void)
{
    bool outReg1, outReg2;
    int r=100, h=500, flag=0;
    outReg1=(r>100);
    outReg2=(h>300);
    if(outReg1&&(!outReg2)) //遵循
    {
        flag=1;
    }
    if((!outReg1)&&outReg2)    //遵循
    {
        flag=2;
    }
    return (0);
}
```

R_1_12_02：禁止对指针进行大于或小于的逻辑比较。

违背这条规则的示例代码如下。

```
int fsub(int *a, int *b);
int main(void)
{
    int sub=0;
    int a=1, b=2;
    sub=fsub(&a,&b);
    return (0);
}
int fsub(int *a,int *b)
{
    int sub=0;
    if(a>b)        //违背
    {
        sub=(*a)-(*b);
    }
    else if(a<b)    //违背
    {
        sub=(*b)-(*a);
    }
    else
    {
        sub=0;
    }
    return sub;
}
```

本规则禁止对指针进行大于或小于的逻辑比较。

指针指向的是内存地址，对内存地址做大于或小于的逻辑比较没有意义，应该对指针指向的变量值进行比较。

使用工具检测违背 R_1_12_02 的示例代码，如图 3-21 所示。

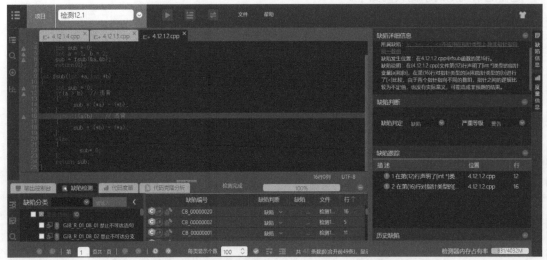

▲图 3-21　使用工具检测违背 R_1_12_02 的示例代码

遵循这条规则的示例代码如下。

```
int fsub(int*a, int*b);
int main(void)
{
    int sub=0;
    int a=1, b=2;
    sub=fsub(&a, &b);
    return (0);
}
int fsub(int *a, int *b)
{
    int sub= 0;
    if((*a)>(*b))          //遵循
    {
        sub=(*a)-(*b);
    }
    else if((*a)<(*b))     //遵循
    {
        sub=(*b)-(*a);
    }
    else
    {
        sub=0;
    }
    return sub;
}
```

R_1_12_03：禁止对浮点数进行是否相等的比较。

违背这条规则的示例代码如下。

```
int main(void) {
    int i, j;
    int P=1000;
    float d=0.435;
    if(435==(P*d))         //违背
```

```
    {
        i=1;
    } else {
        i=2;
    }
    if (435!=(P*d))      //违背
    {
        j=1;
    } else {
        j= 2;
    }
    return (0);
}
```

本规则禁止对浮点数进行是否相等的比较。

浮点数是否相等的比较包括"=="或"!="两种情况，应该使用两数之差的绝对值是否小于给定精度值判断。

使用工具检测违背 R_1_12_03 的示例代码，如图 3-22 所示。

▲图 3-22　使用工具检测违背 R_1_12_03 的示例代码

遵循这条规则的示例代码如下。

```
#include <math.h>
int main(void) {
    int i, j;
    int P=1000;
    float d=0.435;
    if(fabs(435-(P*d))<1e-4)                      //遵循
    {
        i=1;
    } else {
        i=2;
    }
    if((435)=(P*d)+1e-4)||(435<=(P*d)- 1e-4))     //遵循
    {
        j=1;
```

```
    } else {
       j= 2;
    }
    return (0);
}
```

　　浮点数比较是一个常见的错误。在以二进制为基础的计算机体系结构中，浮点数的值永远存在精度误差，所以不能直接用"＝＝"与其比较，而应该对误差值进行范围比较。

　　例如，下面的代码就有浮点数比较的问题。

```
double i=0.0;
 while(i<10)
 {
     i+=0.1;
     printf("%f\n",i);
     if(i==6.0)
     {
          printf("OK!");
     }
 }
```

　　上述代码应该改成如下形式。

```
double i=0.0;
while(i<10)
{
    i+=0.1;
    printf("%f\n",i);
    if(fabs(i-6.0)<0.001)
    {
        printf("---- OK!\n");
    }
}
```

　　R_1_12_04：禁止对无符号数进行大于零或等于零或者小于零的判断。
　　违背这条规则的示例代码如下。

```
int main(void)
{
    unsigned int x=1, y=2;
    int flag=0;
    if(x>=0)    //违背
    {
        flag=flag+1;
    }
    if(y<=0)    //违背
    {
        flag=flag+1;
    }
    return (0);
}
```

　　本规则禁止对无符号数进行大于零或等于零或者小于零的判断。
　　在 32 位系统中，int 类型数据的范围是−2 147 483 648~+2 147 483 647，而 unsigned int 类型数据的范围是 0~4 294 967 295，无符号整数必然大于或等于 0，因此对其进行大于零或等于零或者小于零的判断是无意义的。

使用工具检测违背 R_1_12_04 的示例代码，如图 3-23 所示。

▲图 3-23 使用工具检测违背 R_1_12_04 的示例代码

R_1_12_05：禁止无符号数与有符号数直接比较。

违背这条规则的示例代码如下。

```
int main(void)
{
    unsigned int x;
    int y, i;
    x=2;
    y=-2;
    if(y<x)      //违背
    {
        i=0;
    }
    else
    {
        i=1;
    }
    return (0);
}
```

本规则禁止无符号数与有符号数直接比较。

无符号数与有符号数的取值范围不一致，比较之前应该进行强制类型转换。

遵循这条规则的示例代码如下。

```
int main(void)
{
    unsigned int x;
    int y, i;
    x=2;
    y=-2;
    if(y<(int)x)       //遵循
    {
        i=0;
    }
```

```
    else
    {
        i=1;
    }
    return (0);
}
```

3.1.5　关于变量使用的规则

1.　强制规则

R_1_13_01：禁止局部变量与全局变量同名。

违背这条规则的示例代码如下。

```
int sign=0;
int main(void)
{
    int local=0;
    int sign=0;   //违背
    //...
    return (0);
}
```

本规则禁止局部变量与全局变量同名。

当局部变量与全局变量同名时，局部变量会屏蔽全局变量，因此要避免局部变量与全局变量同名，否则会导致程序理解上的错误，引发潜在错误。

使用工具检测违背 R_1_13_01 的示例代码，如图 3-24 所示。

▲图 3-24　使用工具检测违背 R_1_13_01 的示例代码

R_1_13_02：禁止函数形参与全局变量同名。

违背这条规则的示例代码如下。

```
int sign= 0;
int func(int sign)//违背
{
    int local=0;
```

```
    local=sign;
    //...
    return local;
}
int main(void)
{
    //...
    return (0);
}
```

本规则禁止函数形参与全局变量同名。

函数形参与全局变量可以同名，如果想在函数内使用全局变量可以使用 global 关键字进行声明，变量的地址就指向全局变量了。然而，为了避免造成程序理解上的困难，应避免函数形参与全局变量同名。

使用工具检测违背 R_1_13_02 的示例代码，如图 3-25 所示。

▲图 3-25　使用工具检测违背 R_1_13_02 的示例代码

R_1_13_03：禁止变量与函数同名。

违背这条规则的示例代码如下。

```
void misdis(void)
{
    //...
}
int main(void)
{
    int misdis;  //违背
    return(0);
}
```

本规则禁止变量与函数同名。

由于函数名可以作为函数入口地址赋值给指针变量，如果变量与函数同名，则容易造成引用混乱，引起程序理解上的错误。

使用工具检测违背 R_1_13_03 的示例代码，如图 3-26 所示。

▲图 3-26 使用工具检测违背 R_1_13_03 的示例代码

R_1_13_04：禁止变量与标识同名。

违背这条规则的示例代码如下。

```
struct POINTA
{
    unsigned int x;
    unsigned int y;
};
struct POINTB
{
    unsigned int y;
    unsigned int z;
};
int main (void)
{
    unsigned int POINTA;        //违背
    struct POINTB POINTB;       //违背
    POTNTA=1;
    POINTB.y =POINTA;
    return (0);
}
```

本规则禁止变量与标识同名。

在上述示例中，main( )函数中的变量与结构标识同名。

遵循这条规则的示例代码如下。

```
struct POINTA
{
    unsigned int x;
    unsigned int y;
};
struct POINTB
{
    unsigned int y;
    unsigned int z;
};
```

```
int main (void)
{
    unsigned int pot_y;          //遵循
    struct POINTB spotb;         //遵循
    pot_y=1;
    spotb.y=pot_y;
    return (0);
}
```

R_1_13_05：禁止变量与枚举元素同名。

违背这条规则的示例代码如下。

```
enum Name_type{first=0, second} EnumVar;
int main(void)
{
    unsigned int second=0;   //违背
    EnumVar=second;
    return (0);
}
```

本规则禁止变量与枚举元素同名。

在上述示例中，枚举结构定义了 second 元素，main( )函数定义了无符号整型变量 second，两者同名。

使用工具检测违背 R_1_13_05 的示例代码，如图 3-27 所示。

▲图 3-27　使用工具检测违背 R_1_13_05 的示例代码

R_1_13_06：禁止变量与 typedef 自定义的类型同名。

违背这条规则的示例代码如下。

```
typedef unsigned int TData;
unsigned int fun(unsigned int var);
int main(void)
{
    unsigned int datax=1, datay;
    datay=fun(datax);
    return (0);
}
```

```
unsigned int fun(unsigned int var)
{
    unsigned int TData=var+1;      //违背
    return (2*TData);
}
```

本规则禁止变量与 typedef 自定义的类型同名。

在上述示例中，main( ) 函数定义的 TData 变量与 typedef 定义的类型同名了。

使用工具检测违背 R_1_13_06 的示例代码，如图 3-28 所示。

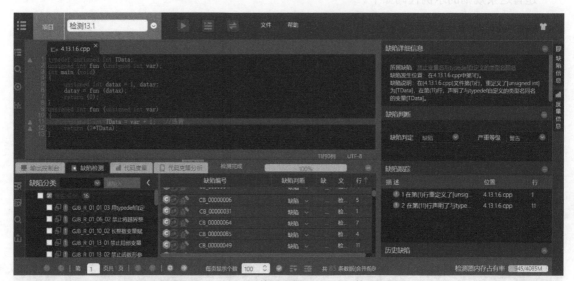

▲图 3-28　使用工具检测违背 R_1_13_06 的示例代码

R_1_13_07：禁止在内部块中重定义已有的变量。

违背这条规则的示例代码如下。

```
int main(void)
{
    int i,ix,iy,ip;
    ix=1;
    ip=1;
    if(1==ix)
    {
        int ip=0;              //违背
        for(i=0;i<10;i++)
        {
            ip=ip+ix;
        }
    }
    iy=ip;
    return (0);
}
```

本规则禁止在内部块中重定义已有的变量。

在上述示例中，ip 在 if 判断语句内重定义了。

使用工具检测违背 R_1_13_07 的示例代码，如图 3-29 所示。

▲图 3-29 使用工具检测违背 R_1_13_07 的示例代码

R_1_13_11[①]：禁止单独使用小写字母"l"或大写字母"O"作为变量名。

违背这条规则的示例代码如下。

```cpp
int main(void)
{
    int l=1;//违背
    int O=0;//违背
    l=O;
    O=l;
    return (0);
}
```

使用工具检测违背 R_1_13_11 的示例代码，如图 3-30 所示。

▲图 3-30 使用工具检测违背 R_1_13_11 的示例代码

---

① 部分规则省略了，这里的编号与国标中编号一致。

R_1_13_13：禁止在表达式中出现多个同一 volatile 类型变量的运算。

违背这条规则的示例代码如下。

```
int main(void)
{
    unsigned int i, z[100];
    volatile unsigned int v=1;
    for(i=0;i<100;i++)
    {
        z[i]=3*v*v+2*v+i; //违背
    }
    return (0);
}
```

使用工具检测违背 R_1_13_13 的示例代码，如图 3-31 所示。

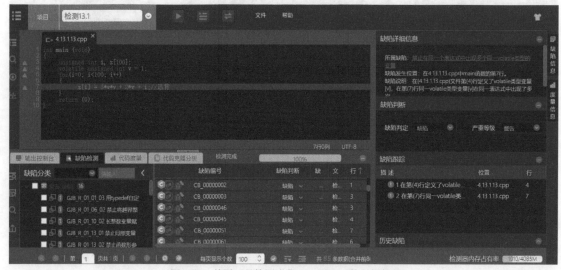

▲图 3-31　使用工具检测违背 R_1_13_13 的示例代码

遵循这条规则的示例代码如下。

```
int main(void)
{
    unsigned int i, j, z[100];
    volatile unsigned int v=1;
    for(i=0;i<100;i++)
    {
        j=v;                //遵循
        z[i]=3*j*j+2*j+i;
    }
    return (0);
}
```

R_1_13_14：禁止将 null 作为整数 0 使用。

违背这条规则的示例代码如下。

```
#include<stdlib.h>
int fun(int width);
int main(void)
{
    int i;
```

```
    i=fun(NULL);        //违背
    return (0);
}
int fun(int width)
{
    int w;
    w=width-10;
    return w;
}
```

本规则禁止将 NULL 作为整数 0 使用。

NULL 表示对象的内容为空值，即对象的内容是空白的，与整数 0 值的概念不等价，因此不能将 NULL 作为整数 0 使用。

使用工具检测违背 R_1_13_14 的示例代码，如图 3-32 所示。

▲图 3-32　使用工具检测违背 R_1_13_14 的示例代码

遵循这条规则的示例代码如下。

```
#include <stdlib.h>
int fun(int width);
int main(void)
{
    int i;
    i=fun(0);        //遵循
    return (0);
}
int fun(int width)
{
    int w;
    w=width-10;
    return w;
}
```

R_1_13_15：禁止给无符号类型变量赋负值。

违背这条规则的示例代码如下。

```
int main(void)
{
    unsigned short usX;
    usX=-10;        //违背
    //...
 return (0);
}
```

本规则禁止给无符号类型变量赋负值。

由于无符号类型变量的值大于或等于 0，因此给它赋负值是没有意义的。

使用工具检测违背 R_1_13_15 的示例代码，如图 3-33 所示。

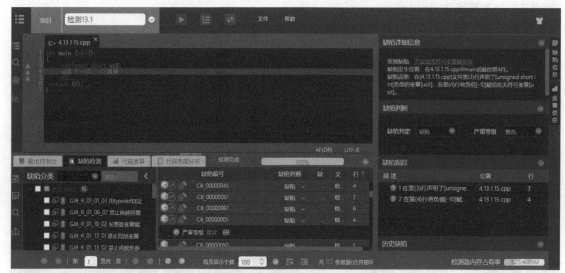

▲图 3-33　使用工具检测违背 R_1_13_15 的示例代码

遵循这条规则的示例代码如下。

```
int main(void)
{
    unsigned short usX;
    usX=(unsigned short)(-10);    //遵循
    //...
    return (0);
}
```

R_1_13_16：用于表示字符串的数组必须以'\0'结束。

违背这条规则的示例代码如下。

```
#include <stdio.h>
int main(void)
{
    char buf[8];
    buf[0]='y';
    buf[1]='e';
    buf[2]='s';        //违背
    printf("%s\n", buf);
    return (0);
}
```

本规则要求用于表示字符串的数组以'\0'结束。

数组以'\0'结尾是为了兼容 strlen( )等 C 标准库的函数,这些函数在判断字符串长度时是以'\0'作为结束标记的。

遵循这条规则的示例代码如下。

```
#include <stdio.h>
int main(void)
{
    char buf[8];
    buf[0]='y';
    buf[l]='e';
    buf[2]='s';
    buf[3]='\0';        //遵循
    printf("%s\n"buf);
    return (0);
}
```

2. 建议规则

A_1_13_1:推荐使用带类型前缀的变量命名。

供参考的带类型前缀的变量命名见表 3-1。

表 3-1   带类型前缀的变量命名

序号	前缀	类型	说明	参考的类型范围	
				二进制位	值域
1	C	char	字符型	8	[−128, 127]
2	SC	signed char	有符号字符型	8	[−128, 127]
3	UC	unsigned char	无符号字符型	8	[0, 255]
4	i	int	整型	16	[−32768, 32767]
5	si	signed int	有符号整型	16	[−32768, 32767]
6	ui	unsigned int	无符号整型	16	[0, 65535]
7	s	short int	短整型	16	[−32768, 32767]
8	ss	signed short int	有符号短整型	16	[−32768, 32767]
9	US	unsigned short int	无符号短整型	16	[0, 65535]
10	1	long int	长整型	32	$[-2^{31}, 2^{31}-1]$
11	si	signed long int	有符号长整型	32	$[-2^{31}, 2^{31}-1]$
12	ul	unsigned long int	无符号长整型	32	$[0, 2^{32}-1]$

示例如下。

- uiLaunchButton:发射按钮,类型是 unsigned int。
- lLaunchTime:发射时间,类型是 long int。
- dLaunchAzim:发射方位角,类型是 double。

实际使用语言的类型范围与参考的类型范围可能存在差异,在需求规格说明中应明确说明软件环境。

　　A_1_13_2：谨慎使用寄存器变量。

3.2　C++的专用规则

下面讲解专门针对 C++语言的规范的内容。

3.2.1　关于类与对象的强制规则

本节介绍关于类和对象的强制规则。

R_02_01_01：对含动态分配成员的类必须编写复制构造函数，并重载赋值操作符。

遵循这条规则的示例代码如下。

```cpp
#include <iostream>
using namespace std;
class A
{
    public:
        A(char *cstr);
        A(const A &ca);
        A(void);
        ~ A(void);
        operator=(const A &ca);
    private:
        char *str;
};
A::A(char *cstr)
{
    str= new char[20];
    strncpy(str,cstr,20);
}
A::A(const A &ca)              //遵循
{
    str=new char[20];
    strncpy (str,ca,str,20);
}
A::operator=(const A &ca)    //遵循
{
    if(NULL==str)
    {
        str=new char[20];
    }
    strncpy (str,ca,str,20);
}
A::A(void):str(new char[20])
{
    strncpy(str,"Welcome!",20);
}
A::~A(void)
{
    delete[] str;
    str=NULL;
}
int main(void)
{
    A a("Hello world!");
    A b(a);
    A c;
```

```
    c = b;
    return (0);
}
```

本规则要求对含动态分配成员的类编写复制构造函数，并重载赋值操作符。

C++语言除提供默认形式的构造函数外，还规范了另一种特殊的构造函数——复制构造函数，上面示例中的类定义了复制构造函数，当建立对象时，调用的将是复制构造函数，在复制构造函数中，根据传入的变量，复制指针所指向的资源。

上述示例中定义的 char *str 是类的对象包含的指针，指向动态分配的内存资源。复制构造函数使用赋值运算符重载。

R_02_01_02：指向虚基类的指针或引用应该只能通过 dynamic_cast 强制转换类型为指向派生类的指针或引用。

违背这条规则的示例代码如下。

```
#include <iostream>
using namespace std;
class B
{
    public:
        B(void);
        virtual ~B(void);
        virtual int g(int a=0);
    private:
        int b;
};
B::B(void):b(1)
{
}
B::~B(void)
{
}
int B::g(int a)
{
    return (a+b);
}
class D: public virtual B
{
    public:
        D(void);
        virtual ~D(void);
        virtual int g(int a=0);
    private:
        int d;
};
D::D(void):B(),d(2)
{
}
D:: ~D(void)
{
}
int D::g(int a)
{
    return (a+d);
}
int main(void)
{
    D d;
    B &b=d;
```

```
    B *pb=&d;
    D *pd1=reinterpret_cast<D*>(pb);          //违背
    D &pd2=reinterpret_cast<D&>(*pb);         //违背
    return (0);
}
```

本规则要求指向虚基类的指针或引用应该只能通过 dynamic_cast 强制转换类型为指向派生类的指针或引用。

如果基类指针确实指向一个派生类对象，dynamic_cast 会传回转换后的派生类指针；否则，返回空指针。这里多了一道检查，比强制类型转换安全。

对于有继承或多重继承的类对象，在某些情况下得到某个对象的指针，而又想将其转换为某个特定类型，但是由于 C++ 中对象类型的多态性，不能确定（在运行时）这么做一定会成功，因此我们可以使用 dynamic_cast 进行检查。

遵循这条规则的示例代码如下。

```
#include <iostream>
using namespace std;
class B
{
    public:
        B(void);
        virtual ~B(void);
        virtual int g(int a=0);
    private:
        int b;
};
B::B(void):b(1)
{
}
B::~B(void)
{
}
int B::g(int a)
{
    return (a+b);
}
class D: public virtual B
{
    public:
        D(void);
        virtual ~D(void);
        virtual int g(int a=0);
    private:
        int d;
};
D::D(void):B(),d(2)
{
}
D::~D(void)
{
}
int D::g(int a)
{
    return (a+d);
}
int main(void)
{
    D d;
    B &b=d;
```

```
        B *pb=&d;
        D *pd1=dynamic_cast<D*>(pb);          //遵循
        D &pd2=dynamic_cast<D&>(*pb);          //遵循
        return (0);
}
```

　　R_02_01_03：菱形结构的派生设计对基类派生必须使用 virtual 说明。

违背这条规则的示例代码如下。

```
#include <iostream>
using namespace std;
class A
{
    public:
        A(void);
        void SetA(int);
    private:
        int a;
};
A:: A(void):a(0)
{
}
void A::SetA(int va)
{
    a=va;
}
class B1: public A       //违背
{
    public:
        B1(void);
        void SetB1(int);
    private:
        int b1;
};
B1::B1(void):A(),b1(0)
{
}
void B1::SetB1(int vb)
{
    b1=vb;
    SetA(b1+1);
}
class B2:public A        //违背
{
    public:
        B2(void);
        void SetB2(int);
    private:
        int b2;
};
B2::B2(void):A(),b2(0)
{
}
void B2::SetB2(int vb)
{
    b2=vb;
    SetA(b2+2);
}
class D:public B1, public B2
{
    public:
```

```
        D(void);
    private:
        int d;
};
D::D(void):B1(),B2(),d(0)
{
}
int main(void)
{
    D thed;
    thed.SetB1(1);
    thed.SetB2(2);
    return(0);
}
```

本规则要求菱形结构的派生设计对基类派生使用 virtual 说明。

在上述示例中，类 A 派生出类 B1 和 B2，类 D 继承自 B1 和 B2。这时类 A 中的成员变量在类 D 中变成了两份，一份来自类 A 派生的 B1 派生的 D，另一份来自类 A 派生的 B2 派生的 D，于是就形成了典型的菱形继承结构。经过继承，类 A 中的成员变量及成员函数在类 D 中均会产生两份，这样的命名冲突非常棘手，通过域解析操作符已经无法分清具体的变量了。为此，C++ 提供了虚继承这一方式来解决命名冲突问题。虚继承只需要在继承属性前加上 virtual 关键字。

使用工具检测违背 R_02_01_03 的示例代码，如图 3-34 所示。

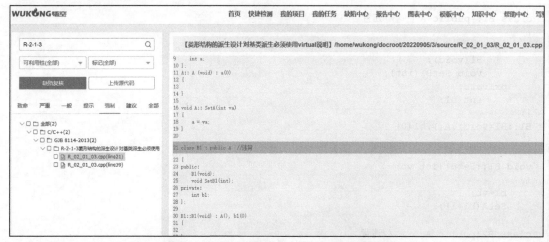

▲图 3-34　使用工具检测违背 R_02_01_03 的示例代码

遵循这条规则的示例代码如下。

```
#include <iostream>
using namespace std;
class A
{
    public:
        A(void);
        void SetA(int);
    private:
        int a;
};
A:: A(void):a(0)
{
}
```

```
void A::SetA(int va)
{
    a=va;
}
class B1:public virtual A     //遵循
{
    public:
        B1(void);
        void SetB1(int);
    private:
        int b1;
};
B1::B1(void):A(),b1(0)
{
}
void B1:: SetB1(int vb)
{
    b1=vb;
    SetA(b1+1);
}
class B2:public virtual A        //遵循
{
    public:
        B2(void);
        void SetB2(int);
    private:
        int b2;
};
B2::B2(void): A(),b2(0)
{
}
void B2::SetB2(int vb)
{
    b2=vb;
    SetA(b2+2);
}
class D:public B1,public B2
{
    public:
        D(void);
    private:
        int d;
};
D::D(void): A(),B1(),B2(),d(0)
{
}
int main(void)
{
    D thed;
    thed.SetB1(1);
    thed.SetB2(2);
    return (0);
}
```

R_02_01_04：在抽象类中复制赋值运算符应该声明为受保护的或私有的。
违背这条规则的示例代码如下。

```
#include<iostream>
using namespace std;
```

```
class B
{
    public:
        B(void);
        virtual  ~B(void);
        virtual void f(void)=0;
        B&operator=(B const &rhs);      //违背
    private:
        int kind;
};
B::B(void):kind(0)
{
}
B::~B(void)
{
}
B&B::operator=(B const &rhs)
{
    kind=rhs.kind;
    return (*this);
}
class D: public B
{
    public:
        D(void);
        virtual ~D(void);
        virtual void f(void){};
        D&operator=(D const & rhs);
    private:
        int member;
};
D::D(void): B(),member(0)
{
}
D::~D(void)
{
}
D&D::operator=(D const &rhs)
{
    member=rhs.member;
    return (*this);
}
int main(void)
{
    D d1;
    D d2;
    B&b1=d1;
    B&b2=d2;
    b1=b2;      //违背
    return (0);
}
```

　　本规则要求在抽象类中复制赋值运算符声明为受保护的或私有的。

　　在上述示例中，类 B 声明为抽象类，相应地，复制赋值运算符应该声明为受保护的或私有的；否则可能出现 main( )函数里误用而编译器没有报错的情况：b1 和 b2 分别定义为 B 类的两个实例对象的地址，但是将 b2 地址赋值给 b1 地址。

　　如果 B 类中的复制赋值运算符声明为受保护或私有的，那么编译器将指出错误，因为外界不可以操作 B 的私有函数。

　　使用工具检测违背 R_02_01_04 的示例代码，如图 3-35 所示。

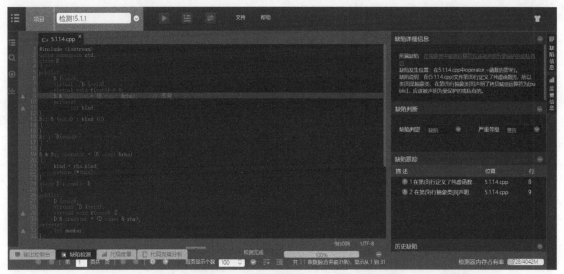

▲图 3-35　使用工具检测违背 R_02_01_04 的示例代码

遵循这条规则的示例代码如下。

```cpp
#include<iostream>
using namespace std;
class B
{
    public:
        B(void);
        virtual ~B(void);
        virtual void f(void)=0;
    protected:
        B&operator =(B const&rhs);        //遵循
    private:
        int kind;
};
B::B(void):kind(0)
{
}
B::~B(void)
{
}
B&B::operator=(B const &rhs)
{
    kind=rhs.kind;
    return (*this);
}
```

3.2.2　关于构造函数的强制规则

本节介绍关于构造函数的强制规则。

R_2_2_1：构造函数中禁止使用全局变量。

违背这条规则的示例代码如下。

```cpp
#include<iostream>
using namespace std;
int gVar=10;
class Foo
```

```
{
    public:
        Foo(void);
        ~Foo(void);
    private:
        int a;
};
Foo::Foo(void)
{
    a=gVar; //违背
}
Foo::~Foo(void)
{
}
int main(void)
{
    Foo thef;
    return (0);
}
```

使用工具检测违背 R_2_2_1 的示例代码，如图 3-36 所示。

▲图 3-36　使用工具检测违背 R_2_2_1 的示例代码

遵循这条规则的示例代码如下。

```
class D:public B
{
    public:
        D(void);
        Virtual~~D (void);
        virtual void f(void){};
        D&operator=(D const&rhs);
    private:
        int member;
};
D::D(void): B(), member(0)
{
}
D::~D(void)
{
}
```

```
D&D::operator=(D const&rhs)
{
    member=rhs.member;
    return (*this);
}
int main(void)
{
    D  d1;
    D  d2;
    B&b1=d1;
    B&b2=d2;
    b1=b2;      //由于采取了保护，因此此用法被禁止，编译报错
    return (0);
}
```

遵循这条规则的示例代码如下。

```
#include <iostream>
using namespace std;
int gVar=10;
class Foo
{
    public:
        Foo(void);
        explicit Foo(int);
        ~Foo(void);
    private:
        int a;
};
Foo::Foo(void)
{
    a=0;
}
Foo::Foo(int var)
{
    a=var;
}
Foo::~Foo(void)
{
}
int main(void)
{
    Foo thef(gVar);         //遵循
    return(0);
}
```

R_2_2_4：类中所有成员变量必须在构造函数中初始化。

违背这条规则的示例代码如下。

```
#include <iostream>
using namespace std;
class Foo
{
    public:
        int a;
        Foo(void);
        explicit Foo(int);
    private:
        int b;
}
```

```
Foo::Foo(void)       //违背
{
    a=0;
}
Foo::Foo(int varb)   //违背
{
    b=varb;
}
int main(void)
{
    Foo thef1,thef2(1);
    return (0);
}
```

使用工具检测违背 R_2_2_4 的示例代码，如图 3-37 所示。

▲图 3-37　使用工具检测违背 R_2_2_4 的示例代码

遵循这条规则的示例代码如下。

```
#include <iostream>
using namespace std;
class Foo
{
    public:
        int a;
        Foo(void); explicit Foo(int);
    private:
        int b;
}
Foo:: Foo(void)       //遵循
{
    a=0;
    b=0;
}
Foo::Foo(int varb)    //遵循
{
    a=0;
    b=varb;
}
```

```
int main(void)
{
    Foo thef1, thef2(1);
    return (0);
}
```

3.2.3 关于虚函数的强制规则

本节介绍关于虚函数的强制规则。

R_2_4_2：派生类对基类虚函数重写的声明必须使用 virtual 显式说明。

违背这条规则的示例代码如下。

```
#include<iostream>
using namespace std;
class Base
{
    public:
        Base(void);
        virtual~Base(void);
        virtual int g(int a=0);
}
Base::Base(void)
{
}
Base::~Base(void)
{
}
int Base::g(int a)
{
    return (a+1);
}
class Derived:public Base
{
    public:
        Derived (void);
        virtual~Derived(void);
        int g(int a=0);        //违背
};
Derived::Derived(void)
{
}
Derived::~Derived(void)
{
}
int Derived::g(int a)
{
    return (a+2);
}
int main(void)
{
    int i,j;
    Derived d;
    Base &b=d;
    i=b.g();
    j=d.g();
    return (0);
}
```

使用工具检测违背 R_2_4_2 的示例代码，如图 3-38 所示。

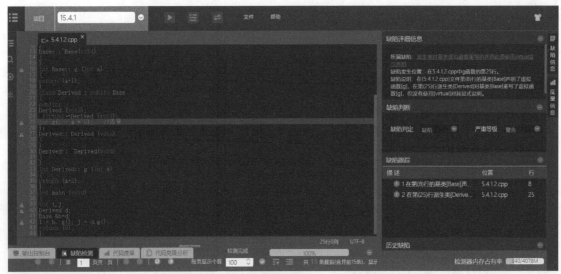

▲图 3-38　使用工具检测违背 R_2_4_2 的示例代码

遵循这条规则的示例代码如下。

```cpp
#include <iostream>
using namespace std;
class Base
{
    public:
        Base(void);
        virtual~Base(void);
        virtual int g(int a=0);
}
Base::Base(void)
{
}
Base::~Base(void)
{
}
int Base::g(int a)
{
    return (a+1);
}
class Derived:public Base
{
    public:
    Derived(void);
    virtual~Derived(void);
    virtual int g(int a=0); //遵循
};
Derived::Derived(void)
{
}
Derived::~Derived(void)
{
}
```

```
int Derived::g(int a)
{
    return (a+2);
}
int main(void)
{
    int i,j;
    Derived d;
    Base&b=d;
    i=b.g();
    j=d.g();
    return (0);
}
```

R_2_4_3：禁止非纯虚函数被纯虚函数重写。

违背这条规则的示例代码如下。

```
#include<iostream>
using namespace std;
class A
{
    public:
        A(void);
        virtual~A(void);
        virtual void foo(void)=0;
};
A:: A(void)
{
}
A::~A(void)
{
}
class B: public A
{
    public:
        B (void);
        virtual~B(void);
        virtual void foo(void);
};
B::B(void)
{
}
B::~B(void)
{
}
void B::foo(void)
{
}
class C:public B
{
    public:
        C(void);
        virtual~C(void);
        virtual void foo(void)=0;   //违背
};
```

```
C::C(void)
{
}
C::~C(void)
{
}
int main(void)
{
    B myb;
    myb.Foo();
    return(0);
}
```

3.2.4　关于类型转换的强制规则

本节介绍关于类型转换的强制规则。

R_2_5_1：禁止将不相关的指针类型强制转换为对象指针类型。

违背本规则的示例代码如下。

```
#include<iostream>
using namespace std;
struct S
{
    int i;
    int j;
    int k;
};
class C
{
    public:
        int i;
        int j;
        int k;
        C(void);
        virtual~C (void);
};
C:: C(void):i(0),j(0),k(0)
{
}
C::~C(void)
{
}
int main(void)
{
    S *s=new S;
    S->i=0;
    s->j=0;
    s->k=0;
    C *c=reinterpret_cast<C*>(s); //违背
    //...
    return (0);
}
```

使用工具检测违背 R_2_5_1 的示例代码，如图 3-39 所示。

▲图 3-39　使用工具检测违背 R_2_5_1 的示例代码

3.2.5　关于内存释放的强制规则

本节介绍关于内存释放的强制规则。

R_2_6_1：使用 new 分配的内存空间用完后必须使用 delete 释放。

违背这条规则的示例代码如下。

```cpp
#include <iostream>
using namespace std;
void fun1(void)
{
    int *p=new int;    //违背
    *p= 1;
    //...
}
void fun2(void)
{
    int *p=new int[3]; //违背
    p[0]=1;
    p[l]=2;
    p[2]=3;
    //...
}
int main(void)
(
    fun1();
    fun2();
    return (0);
}
```

使用工具检测违背 R_2_6_1 的示例代码，如图 3-40 所示。

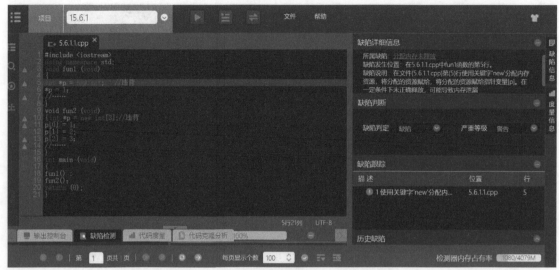

▲图 3-40　使用工具检测违背 R_2_6_1 的示例代码

遵循这条规则的示例代码如下。

```cpp
#include <iostream>
using namespace std;
void fun1(void)
{
    int *p=new int;
    *p=1;
    delete p;         //遵循
    p=NULL;
}
void fun2(void)
{
    int *p=new int[3];
    p[0]=1;
    p[1]=2;
    p[2]=3;
    delete[] p;       //遵循
    p=NULL;
}
int main(void)
{
    fun1();
    fun2();
    return (0);
}
```

R_2_8_5：禁止显式抛出 null。

违背这条规则的示例代码如下。

```cpp
#include <iostream>
using namespace std;
int main(void)
{
    try
    {
```

```
        throw NULL;      //违背
    }
    catch (int)
    {
        //...
    }
    catch (const char*)
    {
        //...
    }
    return (0);
}
```

使用工具检测违背 R_2_8_5 的示例代码，如图 3-41 所示。

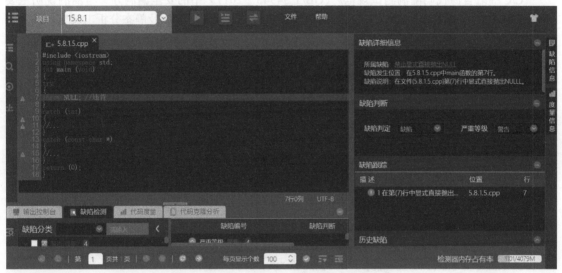

▲图 3-41　使用工具检测违背 R_2_8_5 的示例代码

遵循这条规则的示例代码如下。

```
#include <iostream>
using namespace std;
int main(void)
{
    char *p=NULL;
    try
    {
        throw(p);                                //遵循
        throw(static_cast<const char*> (NULL));  //遵循
    }
    catch(int)
    {
        //...
    }
    catch(const char *)
    {
        //...
    }
    return (0);
}
```

# 第4章 C/C++语言源代码漏洞测试规范

《C/C++语言源代码漏洞测试规范》（GB/T 34943—2017）中的安全漏洞分类与漏洞说明主要参考了 MITRE 公司发布的 CWE（Common Weakness Enumeration），以及静态分析工具支持的典型漏洞。

4.1 不可控的内存分配

对于不可控的内存分配（CWE-789），漏洞描述和漏洞风险分别如下。
- 漏洞描述：内存空间分配受外部输入数据影响，且程序没有指定内存空间分配的上限。
- 漏洞风险：为程序申请大量的内存，程序可能会因为内存空间不足而崩溃。

修复或规避建议如下。

在程序中指定内存空间分配的上限，在分配前对要分配的内存空间进行验证，确保要分配的内存空间不超过上限。

不规范用法如下。

```
void example_fun(int length)      //length 为用户的输入数据
{
    char *buffer;
    if(length<0)                  //没有验证 length 是否超出内存分配空间的上限
    {
        return 0;
    }
    buffer=(char)malloc(sizeof(char)*length);
    //其他语句
    free(buffer);
    buffer=NULL;
}
```

2020 年，CWE Top 25 中排在第五位的是 CWE-119（对内存缓冲区边界操作限制不当），这是 MITRE 基于美国国家漏洞库（NVD）在 2018 年 1 月 1 日到 2019 年 12 月 31 日从收录的约 27000 个 CVE 漏洞的严重性和影响力（包括 CVSS 评分）评选出的最危险的软件缺陷。对于 C/C++语言来说，内存问题是经常出现的问题，曾经的"心脏滴血"漏洞就是利用内存越界进行攻击的。

对于这个示例，检测工具不一定能够检测出问题，因为通过在传入时检验函数参数是否超过可申请内存空间，程序员可在调用这个函数时确保传入的参数大小在计算机内存的可用范围内，尤其是堆内存在可申请的空间内。通常做法是程序员在 malloc( )函数下面增加判断，判断是否申请内存成功。如果申请成功，则返回申请的地址的首地址；当申请的内存空间无法得到满足时，malloc( )函数返回 NULL。当然，这要求给出可申请的内存空间的上限。

其中一种规范用法如下。

```
const int MAX_LENGTH=1024;

void example_fun(int length)                //length 为用户的输入数据
{
    char *buffer;
    if(length>MAX_LENGTH||length<0)     //对 length 进行上下边界验证
    {
        return 0;
    }
    buffer=(char)malloc(sizeof(char)*length);
    {
        //其他语句
        free(buffer);
        buffer=NULL;

    }
    //其他语句
}
```

在编写一个函数/方法时，对于传入函数/方法的参数，在不确定参数是否导致自己的代码处理异常的情况下，建议程序员对参数进行检查，确保参数不会对自己开发的模块功能带来影响。尤其对于 Web 应用等后台代码，同时检查上下边界比较好。

4.2 路径错误

对于不可信的搜索路径（CWE-426），漏洞描述和漏洞风险分别如下。
- 漏洞描述：程序使用关键资源时没有指定资源的路径，而依赖操作系统搜索资源。
- 漏洞风险：攻击者可能会在搜索优先级更高的文件夹中放入相同名称的资源，程序会使用攻击者控制的资源。

修复或规避建议如下。

使用关键资源时指定资源所在的路径。

不规范用法如下。

```
#include <stdio.h>
#include <string.h>
void example_fun(void)
{
    //攻击者可在搜索优先级更高的文件夹中放入与 dir 同名的恶意程序，这导致 command 的内容无法正确执行
    system(command);       //本例中 command="dir.exe E:\data"
    //其他处理
}
```

该漏洞触发的条件如下。

（1）在执行 dir 命令时，程序查找可执行文件所在的目录、当前目录、Windows 系统目录、PATH 环境变量中列出的目录，所以通过改变搜索的路径，让程序执行的 dir 命令不是系统本身的。

（2）了解程序所调用的命令，并使用"后门"程序或攻击程序代替 dir.exe。

规范用法如下。

```
#include <stdio.h>
#include <string.h>
void example_fun(void)
```

```
    {
        //PATH 是存放操作系统中 dir 命令所在完整路径的常量，本例中 PATH="C:\WINDOWS\\system32\\"
        char cmd[MAX_SIZE]=PATH;        //使用完整路径确保 command 的内容能正确执行
        strcat(cmd,command);            //本例中 command="dir.exe E:\data"
        system(cmd);
        //其他处理
    }
```

给出的规范用法是通过限定路径，执行命令行。这在一定程度上限制了攻击者的操作，比直接访问默认的当前路径要安全。

另外，规范示例代码存在着一个缺陷，即 strcat( )是存在安全漏洞的函数，建议使用 strncat( )函数。

使用代码检测工具检测代码，可以发现使用 strcat( )函数存在安全漏洞，如图 4-1 所示。

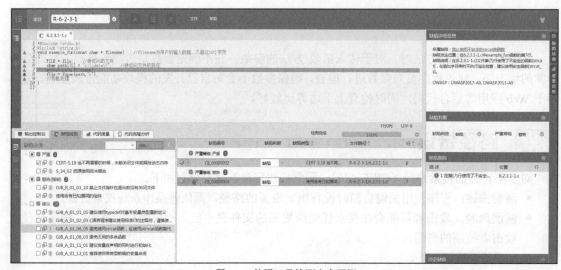

▲图 4-1　使用工具检测安全漏洞

4.3　数据处理

4.3.1　相对路径遍历

对于相对路径遍历（CWE-22），漏洞描述和漏洞风险如下。

● 漏洞描述：路径受外部输入数据影响，且程序不能够解析表示目录外位置的字符序列。

● 漏洞风险：通过输入能够解析表示目录外位置的字符序列访问目录之外的文件或目录。

修复或规避建议如下。

在构建路径名前，对输入数据进行验证，确保外部输入仅包含允许构成路径名的字符。

不规范用法如下。

```
#include <stdio.h>
#include <string.h>
void example_fun(const char *filename)    //filename 为用户的输入数据，不超过 10 个字符
{
    FILE *file;                           //待访问的文件
```

```
    char path[32]="c:\\data\\";                //待访问文件的路径
    strcat(path,filename);//filename 可能包含".."字符序列，这导致访问"c:\\data\\"之外的文件
    file = fopen(path,"r");
    //其他处理
}
```

CWE-22 包括绝对路径遍历和相对路径遍历。此漏洞存在相对路径遍历的风险。因为我们不清楚该程序所应用的环境，以及被调用的上下文，所以代码开发者需要对输入的参数进行合法性检验。如果该安全漏洞存在于 Web 后台，且有连接客户输入的入口，则需要修复。对于非 Web 网站，若该漏洞仅仅存在于一个后台程序或前台程序，则可以忽略。

打开的文件名称是外部输入的，只要存在外部输入，就有安全隐患。通过输入"..\\..\\filename.txt"之类的字符串，我们就能改变打开文件的路径。

其中一种规范用法如下。

```
#include <stdio.h>
#include <string.h>
void verification(const char *str)      //验证 str 是否合法，函数仅供参考
{
    //设置白名单
    char whitelist[MAX_SIZE][16]={"A001.txt","A002.txt",...};
    //其他处理
    int flag=0;
    int i;
    //循环比较 str 是否在白名单内
    for(i=0;i<MAX_SIZE;i++)
    {
        if(strcmp(whitelist[i].str)==0)
        {
            flag=1;
            break;
        }
    }
    return flag;
}

void example_fun(const char *filename )   //filename 为用户的输入数据，不超过 10 个字符
{
    FILE *file;   //待访问的文件
    char path[32]="C:\\data\\";      //待访问文件的路径
    if(verification(filename))
    {
        //若文件名合法，则将路径和文件名组合成完整的文件访问路径
        strcat(path,filename);
        file=fopen(path,"r");
        //其他处理
    }
    //其他处理
}
```

如果开发者做以上处理，则可以通过白名单对输入参数进行限定，只有对白名单上的文件名称能进行下面的读取操作。然而，在实践中，往往由于无法获知具体的文件名称而无法采用白名单，因此我们可以通过正则表达式或搜索是否存在 ".." 方法，对用户输入的 ".." 进行判断。

另外，注意，上面代码中至少还存在一个比较大的问题，即 strcat( )函数在拼接字符串时并不考虑溢出风险。一般建议使用比 strcat( )函数更安全的 strncat( )函数。这种安全漏洞属于 OWASP

2019 中的 A9、OWASP 2013 中的 A9，它使用含已知漏洞的组件。C/C++ 语言中存在多个类似的函数，如 strcpy( )、strcmp( )、memcpy( )等。

4.3.2　绝对路径遍历

对于绝对路径遍历（CWE-22），漏洞描述和漏洞风险如下。

- 漏洞描述：路径名由外部的输入数据决定，且程序没有限制路径名允许访问的目录。
- 漏洞风险：通过输入路径名访问任意的文件或目录。

修复或规避建议如下。

在程序中指定允许访问的文件或目录，在访问文件或目录前对路径名进行验证，确保仅访问指定的文件或目录。

不规范用法如下。

```
#include <stdio.h>
#include <string.h>
void example_fun(const char *absolutepath)    //absolutepath 为用户输入的数据
{
    FILE *file;
    file=fopen(absolutepath,"r");              //攻击者可以访问任意文件或目录
    //其他代码
}
```

该示例在注释中特别强调了函数参数是用户输入的数据，只有在该情况下需要修复该漏洞，否则可以忽略该漏洞。

其中一种规范用法如下。

```
#include <stdio.h>
#include <string.h>
int verification(const char *str)              //验证 str 是否合法
{
    //设置白名单
    char userlist[MAX_SIZE][16]={"A001.txt","A002.txt",...};
    char whitelist[MAX_SIZE][32];
    int i;
    for(i=0;i<MAX_SIZE;i++)
    {
        strcpy(whitelist[i],userlit[i]);
        strcat(whitelist[i],userlist[i]);
    }
    //其他语句
    int flag=0;
    //循环比较 str 是否在白名单内
    for(i=0;i<MAX_SIZE;i++)
    {
        if(strcmp(whitelsit[i],str)==0)
        {
            flag=1;
            break;
        }
    }
    return flag;
}
void example_fun(const char *absolutepath)     //absolutepath 为用户输入的数据
{
    FILE *file;
```

```
    if(verification(absolutepath))
    {
        //若路径合法，则允许访问文件
        file=fopen(absolutepath,"r");
        //其他代码
    }
    //其他语句
}
```

正确示例也通过白名单限定了可读取文件的名称列表。另外，在示例代码中，strcpy( )和 strcat( )函数都是存在安全漏洞的函数，建议全部用 strncpy( )和 strncat( )函数替换。

4.3.3 命令行注入

对于命令行注入（CWE-78），漏洞扫描和漏洞风险如下。

- 漏洞扫描：使用未经验证的输入数据构建命令。
- 漏洞风险：其他人可执行任意命令。

修复或规避建议如下。

在构建命令前对输入数据进行验证，确保输入数据仅能用于构建允许的命令。

不规范用法如下。

```
#include <stdio.h>
#include <string.h>
void  example_fun(char *command)    //command 为用户的输入数据，不超过 31 个字符
{
    //PATH 是存放操作系统中 cmd.exe 所在完整路径的常量，本例中 PATH="C:\\WINDOWS\\system32"
    char cmd[128]=PATH;
    strcat(cmd,"cmd.exe /c\"");
    if(command!=NULL)   //未对 command 进行验证，攻击者可执行 delete 等恶意命令
    {
        strcat(cmd,command);
        strcat(cmd,"\"");
        system(dmd);
        //其他代码
    }
}
```

在该段代码中，存在的问题是，对于函数参数，如果它是用户输入的数据，则程序存在着风险。开发者需要根据上下文执行环境判断是否需要修复该漏洞。当然，strcat( )函数需要更换为更安全的 strncat( )函数。

其中一种规范用法如下。

```
#include <stdio.h>
#include <string.h>
int verification(const char *str)     //验证 str 是否合法
{
    //设置白名单
    char userlist[MAX_SIZE][8]={"A001.txt","A002.txt",...};
    char whitelist[MAX_SIZE][32];
    int i;
    for(i=0;i<MAX_SIZE;i++)
    {
        strcpy(whitelist[i],userlist[i]);
        strcat(whitelist[i],userlist[i]);
    }
```

```
        //其他语句
        int flag=0;
        //循环比较 str 是否在白名单内
        for(i=0;i<MAX_SIZE;i++)
        {
            if(strcmp(whitelist[i],str)==0)
            {
                flag=1;
                break;
            }
        }
        return flag;
}
void   example_fun(const char *absolutepath)      //command 为用户的输入数据,不超过 31 个字符
{
    //PATH 是存放操作系统中 cmd.exe 所在完整路径的常量, 本例中 PATH="C:\\WINDOWS\\system32"
    char cmd[128]=PATH;
    strcat(cmd,"cmd.exe /c\"");
    //本例假设用户只有查询权限,QUERY 是限制查询目录的字符串常量,本例中 QUERY="dir.exe E:\\Users\\"
    if(verification(QUERY.command)
    {
        //若命令合法则允许执行
        strcat(cmd,command);
        strcat(cmd,"\"");
        system(dmd);
        //其他代码
    }
}
```

正确的示例代码通过设定白名单并定义字符串常量,在一定程度上规避了风险。

4.3.4　SQL 注入

对于 SQL 注入(CWE-89),漏洞描述和漏洞风险如下。

- 漏洞描述:使用未经验证的输入数据以拼接字符串的方式形成 SQL 语句。
- 漏洞风险:通过输入任何 SQL 语句,越权查询数据库的敏感数据、非法修改数据库中数据并提升数据库访问权限等。

修复或规避建议如下。

在拼接 SQL 语句前,对输入数据进行验证,确保输入数据不包含 SQL 语句的关键字符,或使用参数化 SQL 查询语句,将输入数据作为 SQL 语句的参数。

不规范用法如下。

```
#include <stdio.h>
#include <string.h>
void   sql_query(char *name)               //name 为用户的输入数据, 不超过 10 个字符
{
    //本例中 userid 是仅由字符和数字组成的长度不超过 10 位的字符串
    char sqlQuery[64]="SELECT *FROM CUSTOMER WHERE userid= '";
    //拼接 SQL 语句前未验证 name 是否合法
    strcat(sqlQuery,name);
    strcat(sqlQuery,"'");
    //在数据库中执行 SQL 语句
}
```

sql_query( )函数的应用场景为若参数可以由用户输入,则使用 SQL 字符串拼接成一个可以进行 SQL 注入的语句。

其中一种规范用法如下。

```c
#include <stdio.h>
#include <string.h>
#include <regex.h>
int verification(const char *str)      //验证 str 是否合法
{
    //设置白名单
    char userlist[MAX_SIZE][8]={"A001","A002",...};
    //其他语句
    int flag=1;
        int i;

    //循环比较 str 是否在白名单内
    for(i=0;i<MAX_SIZE;i++)
    {
        if(strcpy(whitelist[i].str)==0)
        {
            flag=1;
            break;
        }
    }
    return flag;
}
void  sql_query(char *name)     //name 为用户的输入数据,不超过 10 个字符
{
    //本例中 userid 是仅由字母和数字组成的长度不超过 10 位的字符串
    char sqlQuery[64]="SELECT *FROM CUSTOMER WHERE userid = '";
    if(verification(name))          //在拼接 SQL 语句前验证 name 是否合法
    {
        strcat(sqlQuery,name);
        strcat(sqlQuery,"'");
        //在数据库中执行 SQL 语句
        //其他语句
    }
    //其他语句
}
```

上面正确的示例使用白名单对用户输入进行合法性检测,这是在查询值较少的情况下可以采用的一种方法。但是,当值很大时,该方式明显不太适用。

另一种规范用法如下。

```c
#include <stdio.h>
#include "stdafx.h"
#include <string.h>
#include <malloc.h>
#include <string>
using namespace std;
string to_legal_param(char *parm)
{
    string strSql(param);
    string returnValue="";
    string::size_type pos=0;
    for(int i=0;i<strSql.size();i++)
    {
        if(strSql[i]=='\')
        {
          returnValue +=".";
        }
        else
```

```
        {
            returnValue +=strSql[i];
        }
    }
    return returnValue;
}

void  sql_query(char *name)      //name 为用户的输入数据,不超过10 个字符
{
    //本例中 userid 是仅由字母和数字组成的长度不超过10 位的字符串
    char sqlQuery[64] = "SELECT * FROM CUSTOMER WHERE userid = '";
    if(verification(name))          //在拼接 SQL 语句前验证 name 是否合法
    {
        strcat(sqlQuery,name);
        strcat(sqlQuery,"'");
        //在数据库中执行 SQL 语句
        //其他语句
    }
    //其他语句
}
```

该示例通过对拼接的字符串进行判断,把字符串中的"\"替换为"."。当然,开发者需要根据拼接的字符串的特点,进行设定。

4.3.5　进程控制

对于进程控制（CWE-114），漏洞描述和漏洞风险如下。

- 漏洞描述：使用未经验证的输入数据作为动态加载的库的标识符。
- 漏洞风险：加载恶意的代码库。

修复或规避建议如下。

在加载前对输入数据进行验证,确保输入数据仅能用于加载允许加载的库。

不规范用法如下。

```
#include <windows.h>
void load_lib(char *libraryName)    //libraryName 为用户输入的数据,不超过15 个字符
{
    char path[32]="C:\\";
    strcat(path,libraryName);
    HANDLE hlib = LoadLibrary(path);
    strcat(sqlQuery,"'");
    //其他语句
}
```

这段代码中加载的库文件为客户输入的,不可控,这导致程序可以执行客户加载的任意进程。CWE-114 虽然没有纳入 CWE Top 25,但是进程控制的危害是隐蔽和巨大的。

一种规范用法如下。

```
#include <windows.h>
int verificaton(char *);              //验证库文件,若通过验证,返回 1; 否则,返回 0
void  load_lib(char *libraryName)    //libraryName 为用户输入的数据,不超过15 个字符
{
    char path[32] = "C:\\";
    if(verification(libraryName))        //判断 libraryName 是否是合法的库
    {
        strcat(path,libraryName);
        HANDLE hlib=LoadLibrary(path);
```

```
        //其他语句
    }
    //其他语句
}
```

该段代码使用一个函数对客户输入的库名称进行检验，根据检验结果决定是否执行后续操作。

另外，现在 strcat( )函数已经属于存在安全风险的函数，建议使用 strncat( )函数替换它。

4.3.6 缓冲区溢出

对于缓冲区溢出（CWE-120），漏洞描述和漏洞风险如下。

- 漏洞描述：对被分配内存空间之外的内存空间进行读或写操作。
- 漏洞风险：让系统崩溃或者执行恶意代码。

修复或规避建议如下。

在对缓冲区进行读或写时，对读写缓冲区的数据长度进行检查，确保读写的内存地址在分配的内存空间之内。

不规范用法如下。

```
void  example_fun()
{
    //其他代码
    char value[11];    //假设只允许用户输入 10 个以下的字符
    print("Enter The Value:");
    //可输入多于 10 个字符的字符串，覆盖栈原来的返回地址，造成缓冲区溢出
    scanf("%s",value);
    //其他语句
}
```

这段代码定义的字符串数组从控制台获取输入，在没有对输入进行检测的情况下，这容易导致缓冲区溢出。

传统缓冲区溢出的编号为 CWE-120，CWE-119（内存缓冲区范围内的操作限制不当）是它的子类。与缓冲区溢出相关的有 CWE-121（栈缓冲区溢出）、CWE-122（堆缓冲区溢出）、CWE-124（缓冲区下溢）、CWE-125（跨界内存读）、CWE-126（缓冲区上溢读取）、CWE-127（缓冲区下溢读取）等。

其中一种规范用法如下。

```
void  example_fun()
{
    //其他代码
    char value[11];    //假设只允许用户输入 10 个以下的字符
    print("Enter The Value:");
    //读取最多 10 个字符的字符串，并保存在 value[]数组中
    scanf("%10s",value);
    //其他语句
}
```

这段代码在获取输入时，进行字符长度的限定，以规避风险。

4.3.7 使用外部控制的格式化字符串

对于使用外部控制的格式化字符串（CWE-134），漏洞描述和漏洞风险如下。

- 漏洞描述：printf( )函数中的格式化字符串受外部输入数据影响，这可能导致缓冲区溢出或数据表示问题。

● 漏洞风险：输入的恶意格式化字符串会造成缓冲区溢出，进而导致系统崩溃或者执行恶意代码。

修复或规避建议如下。

确保向所有格式字符串函数都传递一个不能由用户控制的静态格式化字符串，并且向该函数发送正确数量的参数。

不规范用法如下。

```
void  example_fun(char *s)          //s 为用户输入的数据
{
    //其他代码
    print(s);                        //s 可能包含"%n"等格式控制符，这导致缓冲区溢出
    //其他语句
}
```

这段示例代码很旧，目前应该没有人会如此写。不过这段示例代码的确存在风险漏洞。该漏洞对应的编号为 CWE-134。

规范用法如下。

```
void  example_fun(char *s)     //s 为用户输入的数据
{
    //其他代码
    print("%s",s);                   //传递一个不能由用户控制的静态格式化字符串
    //其他语句
}
```

这段示例代码中的格式化字符串是没有问题的。

4.3.8　整数溢出

对于整数溢出（CWE-190），漏洞描述和漏洞风险如下。

● 漏洞描述：使用未经验证的整型数据进行算术运算，可能会导致计算结果过大而无法在系统位宽范围内存储。
● 漏洞风险：输入的过大数据会引发软件崩溃或破坏系统重要内存等。

修复或规避建议如下。

在对来自用户的整型数据做算术运算前，进行验证，确保计算结果不会溢出。

不规范用法如下。

```
unsigned int num;     //本例中 num 值为 1000
void  example_fun()
{
    //其他代码
    //假设示例代码运行在 32 位系统中,在 32 位系统中,指针占 4 字节,unsigned int 的最大值是 0xffffffff
    unsigned int mrsp = packet_get_int();     //mrsp 是来自用户的数据
    /*
        若 mrsp=1073740825,会造成整型溢出,
        (mrsp+num)*sizeof(char *) 等效于 1073741825*4,溢出后求模的结果为 4, 为 response 分配了 4
        字节的空间, 循环次数为 1073740825, 用户数据将覆盖大量的内存空间
    */
    char *response=malloc((mrsp+num)*sizeof(char*));
    unsigned int i;
    for(i=0;i< mrsp;i++)
    {
        response[i]=packet_get_string();
```

```
        //其他语句
    }
    //其他语句
}
```

整数溢出对应的编号为 CWE-190。

其中一种规范用法如下。

```
unsigned int num;                          //本例中 num 值为 1000
void  example_fun()
{
    //其他代码
    //假设示例代码运行在 32 位系统中,在 32 位系统中,指针占 4 字节,unsigned int 的最大值是 0xffffffff
    unsigned int mrsp=packet_get_int();    //mrsp 是来自用户的数据
    /*
    if(mrsp>0&&UNIT_MAX-num)                //运算前验证 mrsp
    {
        char *response=malloc((mrsp+num)*sizeof(char*));
        unsigned int i;
        for(i=0;i<mrsp;i++)
        {
            response[i]=packet_get_string();
            //其他语句
        }
    }
    //其他语句
}
```

这段代码中有最大值校验,所以不会溢出。

4.3.9 信息通过错误消息泄露

对于信息通过错误消息泄露(CWE-200),漏洞描述和漏洞风险如下。

- 漏洞描述:软件呈现给用户的错误消息包括与环境、用户或数据有关的敏感信息。
- 漏洞风险:敏感信息可能本身就是有价值的信息,有造成攻击的风险。

修复或规避建议如下。

确保错误消息包含对目标受众有用的少量细节。

不规范用法如下。

```
void write_wrong_msg(char *);    //将错误消息呈现到用户界面
void  example_fun()
{
  const char *PATH ="C:\\config.txt";
  File *file =fopen("PATH,rw");
  if(!file)
  {
      char  msg[128]="Error";
      strcat(msg,PATH);
      strcat(msg,"does not exist.");
      write_wrong_msg(msg);        //输出配置目录的完整路径名
  }
  //其他语句
}
```

上面的代码把配置文件所在的路径显示给用户,这可能导致恶意用户查看、修改或替换配置文件。

规范用法如下。

```
void write_wrong_msg(char *);    //将错误消息呈现到用户界面
void  example_fun()
{
    const char *PATH ="C:\\config.txt";
    File *file =fopen("PATH,rw");
    if(!file)
    {
        char  msg[128]="Sorry! We will fix the problem soon!";
        write_wrong_msg(msg);       //不输出敏感信息
    }
    //其他语句
}
```

示例代码只向客户显示错误消息，但是不提供具体的路径信息。其实程序的执行环境决定了该问题的严重程度。

4.3.10　信息通过服务器日志文件泄露

对于信息通过服务器日志文件泄露（CWE-532），漏洞描述和漏洞风险如下。

- 漏洞描述：将敏感信息写入服务器日志文件。
- 漏洞风险：通过访问日志文件读取敏感信息。

修复或规避建议如下。

慎重考虑写入日志文件的信息的隐私性，不要把敏感信息写入日志文件。

不规范用法如下。

```
int is_trusted(char *,char *);       //判断用户名与密码是否正确，若二者均正确，返回 1；否则，返回 0
void write_log(char *);              //将消息写入日志文件
void data_visit(char *username,char *password)
//username 和 password 为用户输入的数据，均不超过 10 个字符
{
    if(is_trusted(username,password))     //当用户名和密码正确时调用 write_log()写入日志
    {
        char msg[64];
        strcat(msg,username);
        strcat(msg,"and");
        strcat(msg,password);
        strcat(msg,"correct!");
        write_log(msg);                   //msg 包含敏感信息
        //执行访问数据库等操作
    }
}
```

上述示例把用户名、密码信息都写入日志文件，一旦内部系统维护人员、恶意攻击者有机会查看日志文件时，就会获得敏感信息。所以，要禁止把敏感信息写入日志文件。

其中一种规范用法如下。

```
int is_trusted(char *,char *);     //判断用户名与密码是否正确，若二者均正确，返回 1；否则，返回 0
void write_log(char *);            //将消息写入日志文件
void data_visit(char *username,char *password)
//username 和 password 为用户输入的数据，均不超过 10 个字符
{
    if(is_trusted(username,password))
    {
        char msg="Login success!"; //msg 不包含敏感信息
```

```
        write_log(msg);
        //执行访问数据库等操作
    }
}
```

示例代码只显示固定的错误信息字符串，避免泄露敏感信息。

4.3.11 信息通过调试日志文件泄露

对于信息通过调试日志文件泄露（CWE-215），漏洞描述和漏洞风险如下。

- 漏洞描述：应用程序没有限制对调试日志文件的访问。
- 漏洞风险：调试日志文件通常包含应用程序的敏感信息，其他人可通过访问调试日志文件读取敏感信息。

修复或规避建议如下。

在产品发布之前移除产生日志文件的代码。

不规范用法如下。

```
void init_address_book()      //地址簿初始化
{
    char bookid[8];                //地址簿
    char bookpath[64];             //地址簿存放路径
    //其他操作
    //生成日志
    CCLOG("AddressBookID:%s\n",bookid);
    CCLOG("Path:%s\n",bookpath);
    //其他代码
}
```

在调试时，向日志文件中写特定信息，但是在正式发布时，要删除。

规范用法如下。

```
void init_address_book()      //初始化地址簿
{
    char bookid[8];                //地址簿 id
    char bookpath[64];             //地址簿存放路径
    //其他操作
    //程序发布之前将调试信息注释掉或删除
    /* CCLOG("AddressBookID:%s\n",bookid);
       CCLOG("Path:%s\n",bookpath);
    */
    //其他代码
}
```

示例代码不再显示调试信息，可以防止敏感信息泄露。

4.3.12 以未检查的输入作为循环条件

对于以未检查的输入作为循环条件（CWE-606），漏洞描述和漏洞风险如下。

- 漏洞描述：软件没有对循环条件中的输入参数进行适当的检查。
- 漏洞风险：让软件循环过多而使软件拒绝服务。

修复或规避建议如下。

规定循环次数的上限，在将用户输入的数据用于循环条件前验证用户输入的数据是否超过上限。

不规范用法如下。

```
void example_fun(int count) //count 为用户输入的数据
{
    int i;
    if(count > 0)               //若未检查 count 的值是否过大，可能导致软件循环过多而使软件拒绝服务
    {
        for(i=0;i<count;i++)
        {
            //其他代码
        }
    }
    //其他代码
}
```

这种安全漏洞基本上不存在，再没有经验的开发人员也应该不会用输入参数作为控制循环的变量。

规范用法如下。

```
int MAX_COUNT=1000;         //本例中定义最大循环次数为 1000
void example_fun(int count)    //count 为用户输入的数据
{
    int i;
    if(count>0&&count<=MAX_COUNT)    //判断循环次数是否不大于最大循环次数
    {
        for(i=0;i<count;i++)
        {
            //其他代码
        }
    }
    //其他代码
}
```

对于以输入参数作为循环控制变量的情况，必须先判断一下输入参数的范围。

4.4　错误的 API 实现

对于堆检查（CWE-244），漏洞描述和漏洞风险如下。
- 漏洞描述：使用 realloc()来调整存储敏感信息的缓冲区。
- 漏洞风险：泄露敏感信息，因为这些信息并没有从内存中删除，使用"堆检查"方法（如内存转储方法）可读取堆内存中的敏感信息。

修复或规避建议如下。

使用 realloc( )函数前，先清空该内存块中的敏感信息。

不规范用法如下。

```
int get_memory(char *ptr,int new_size) //count 为用户输入的数据
{
    ptr=realloc(ptr,new_size);          //使用 realloc()重新分配内存之前未清空该内存块中的信息
    if(ptr)
    {
        return 1;
    }
    else
    {
        return 0;
    }
}
```

其他人可以通过工具查看堆内存中的敏感信息，也可以通过让系统崩溃并将内存中的数据保存在转储文件中，启动系统后再通过查看转储文件，获取内存中的敏感信息。

对于 CWE-244，错误消息是 Improper Clearing of Heap Memory Before Release ('Heap Inspection')，指出释放堆内存前清除操作不当。

规范用法如下。

```
int get_memory(char *ptr,int new_size)
{
    memset(ptr,0,strlen(ptr));      //使用 memset()置 0
    ptr = realloc(ptr,new_size);
    if(ptr)
    {
        return 1;
    }
    else
    {
        return 0;
    }
}
```

在对指针指向的堆内存进行重新分配时，我们可以通过清零方法，清除敏感信息。

4.5　劣质代码

对于敏感信息存储于不正确的内存空间（CWE-244），漏洞描述和漏洞风险如下。
- 漏洞描述：程序将敏感信息存储在未锁定或错误锁定的内存空间中。
- 漏洞风险：敏感信息可能会被虚拟内存管理器从内存写入磁盘交换文件，从而使其他人更容易访问这些敏感信息。

修复或规避建议如下。

选择恰当的平台保护机制锁定存放敏感信息的内存空间，并检查方法的返回值以确保锁定操作执行正确。

不规范用法如下。

```
#include <stdlib.h>
void example_fun(char *parameter)      //parameter 的长度不超过 20 个字符
{
    char *password="";                 //password 用于存放敏感信息
    password = (char *)malloc(30*sizeof(char));
    if(password!=NULL)
    {
        strcpy(password,parameter);     //password 指向的内存空间未锁定
        //其他语句
    }
}
```

对于实时性要求较高的系统，会通过换页操作，保证有较大块的连续内存空间可用。在上述代码中，password 指向的内存空间并未锁定，由于利用 strcpy()函数进行密码复制时，系统中发生内存转储，因此 parameter 中的密码被转储到磁盘交换文件中，这会造成敏感信息泄露。

使用 realloc()调整存储敏感信息的缓冲区的大小可能会使敏感信息泄露，因为敏感信息不会从内存中删除。

规范用法如下。

```
#include <stdlib.h>
#include <windows.h>
void example_fun(char *parameter)     //parameter 的长度不超过 20 个字符
{
    char *password="";                //password 用于存放敏感信息
    password=(char*)malloc(30*sizeof(char));
    if(password!=NULL)
    {
        if(VirtualLock(password,30))      //锁定 password 指向的内存空间，并检查返回值
        {
            strcpy(password,parameter);    //password 指向的内存空间未锁定
            //其他语句
            VirtualUnlock(password,30);     //解锁内存
        }
        //其他语句
    }
}
```

虽然这种情况可能极少发生，但是按照上面的方法对敏感信息进行锁定。

4.6　不充分的封装

对于公有函数返回私有数组（CWE-495），漏洞描述和漏洞风险如下。
- 漏洞描述：类中定义的私有数组属性在该类的公有函数中作为返回值返回。
- 漏洞风险：类中的私有数组作为函数的返回值暴露在公有区域，该私有数组的成员在公有区域有被篡改的风险。

修复或规避建议如下。

当私有数组的成员需要作为公有函数的返回值时，应返回该私有数组的副本。

不规范用法如下。

```
class CTest
{
    private:
        char secret[MAX_SIZE]="abcd";
    public:
        char[] get_value()
        {
            return secret;
        }
}
```

在这个示例中，私有属性 secret 暴露给外部，这导致敏感信息泄露。

规范用法如下。

```
class CTest
{
    private:
        char secret[MAX_SIZE]="abcd";
    public:
        char cpy_secret[MAX_SIZE];
        char[] get_value()
        {
            memcpy(cpy_secret,secret,size(secret));   //创建私有数组的副本
```

```
        return cpy_secret;
    }
}
```

4.7 安全功能

4.7.1 明文存储密码

对于明文存储密码（CWE-256），漏洞描述和漏洞风险如下。

● 漏洞描述：明文存储密码。

● 漏洞风险：降低攻击的难度，若其他人获得访问密码存储文件的权限，便可轻易获取密码。

修复或规避建议如下。

尽量避免在容易受攻击的地方存储密码。如果需要，考虑存储密码的加密哈希，以代替保存为明文的密码。

不规范用法如下。

```
void store_password(char *);    //将密码存入数据库
void example_fun(char *password)
{
    store_password(password);    //明文存储密码
    //其他指令
}
```

CWE-256 是一个重要的安全漏洞类型，明文存储密码容易泄露信息，使用不可逆的加密算法是一种比较可取的方式。

4.7.2 存储可恢复的密码

对于存储可恢复的密码（CWE-257），漏洞描述和漏洞风险如下。

● 漏洞描述：采用双向可逆的加密算法加密密码并将密码存储在外部文件或数据库中。

● 漏洞风险：其他人可能会通过解密算法对密码进行解密。

修复或规避建议如下。

当不需要对已存储的密码进行还原时，使用单向加密算法对密码进行加密并存储。

不规范用法如下。

```
#include  "aes.h"
using namespace  CryptoPP;
int encrypt(char *input, chat *output);         //加密函数
{
    AESEncryption aesEncryptor;
    int r=aesEneryptor.enc(input,output);        //使用双向可逆的 AES 算法
    //其他语句
}
void store_password(char *);                     //将密码存入数据库
void example_fun(char *password)
{
    //其他指令
    //char psw[1024]={0};
    int   r=encrypt(password,psw);               //加密 password
    store_password(psw);                         //存储加密后的 psw
    //其他代码
}
```

2011 年之前，AES（Advanced Encryption Standard，先进加密标准）一向被视为牢不可破的加密算法，但是在 2011 年，研究人员发现了可以攻破 AES 算法的方法。在对信息安全要求严格的应用中，建议替换 AES 算法，使用更安全的加密算法。

规范用法如下。

```
#include  "aes.h"
using namespace  CryptoPP;
int encrypt(char *input, chat *output);    //加密函数
{
    SHA256  sha256;
    int r=sha256.enc(input,output);         //使用单向不可逆的 SHA-256
    //其他语句
}
void store_password(char *);        //将密码存入数据库
void example_fun(char *password)
{
    //其他指令
    char psw[1024]={0};
    int  r=encrypt(password,psw);   //加密 password
    store_password(psw);            //存储加密后的 psw
    //其他代码
}
```

4.7.3　密码硬编码

对于密码硬编码（CWE-259），漏洞描述和漏洞风险如下。

● 漏洞描述：程序代码（包括注释）包含硬编码密码。

● 漏洞风险：通过反编译或直接读取二进制代码，获取硬编码密码。

修复或规避建议如下。

使用单向不可逆的加密算法对密码进行加密并将密码存储在外部文件或数据库中。

不规范用法如下。

```
int psw_is_correct(char *password)              //判断密码是否正确
{
    if(strcmp(password,"jk46k643h9gj9iwd63")==0) //代码包含硬编码密码
    {
        return 1;
    }
    return 0;
}
```

代码在判断密码是否正确时使用了明文字符串。

规范用法如下。

```
#include "sha.h"
using namespace  CryptoPP;
int encryptor(char *input,char *output)   //加密函数
{
    SHA256  sha256;
    int r=sha256.enc(input,output);
    //其他代码
}
char *get_psw(void);                    //从数据库获得密码
int psw_is_correct(char *password)      //判断密码是否正确
```

```
{
    //其他代码
    char *psw=get_psw();
    char hpsw[1024]={0};
    int r=encryptor(password,hpsw);        //加密 password
    if(strcmp(password,psw)==0)
    {
        return 1;
    }
    return 0;
}
```

比较的密码与存储在数据库中的密码都是经过 SHA-256 加密后的，这样无法通过反编译代码或处理二进制数得到密码。

4.7.4　明文传输敏感信息

对于明文传输敏感信息（CWE-319），漏洞描述和漏洞风险如下。

- 漏洞描述：敏感信息在传输过程中未进行加密。
- 漏洞风险：通过在传输过程中截取或复制报文，获取敏感信息。

修复或规避建议如下。

在发送之前，对敏感信息进行加密，或采用加密通道传输敏感信息。

不规范用法如下。

```
void send_message(char *);              //将传进来的字符串发送出去
void example_fun(char *address)         //address 是用户的敏感信息
{
    send_message(address);              //传输 address 前没有进行加密
    //其他语句
}
```

代码直接以明文形式发送 address。

规范用法如下。

```
#include "aes.h"
using namespace CryptoPP;
void send_message(char*);               //将传进来的字符串发送出去
int encryptor(char *input,char *output) //加密函数
{
    AESEncryption aesEncryptor;
    int r=aesEncryptor.enc(input,output);
    //其他语句
}
void example_fun(char *address)         //address 是用户的敏感信息
{
    int r=encryptor(address,addr);      //加密 address
    send_message(addr);
    //其他语句
}
```

这段正确的示例代码对 address 进行加密后，将得到的 addr 字符串发送出去。

4.7.5　使用已破解或危险的加密算法

对于使用已破解或危险的加密算法（CWE-327），漏洞描述和漏洞风险如下。

- 漏洞描述：软件采用已破解或自定义的非标准加密算法。

- 漏洞风险：其他人有可能破解算法，从而窃取受保护的数据。

修复或规避建议如下。

采用目前加密领域中加密强度较高的标准加密算法。

不规范用法如下。

```
#include "des.h"
using namespace CryptoPP;
int get_key(unsigned char[]);
int send_message(char *);              //将传进来的字符串发送出去
int encryptor(char *input,unsigned char output[])
{
    //使用加密强度较低的 DES 算法
    unsigned char key[DES::KEYLENGTH];
    DESEncryption desEncryptor;
    int r= get_key(key);
    //其他语句
    desEncryptor.SetKey(key.DES::KEYLENGTH);   //设置密钥
    desEncryptor.ProcessBlock(input,output);    //加密 input 并保存到 output 中
    return output;
}
```

目前，业界已经把 DES 算法视为一种不安全的加密算法，不建议采用。

对于 CWE-327，错误消息为 Use of a Broken or Risky Cryptographic Algorithm。

规范用法如下。

```
#include "des.h"
using namespace CryptoPP;
int get_key(unsigned char[]);        //获取密钥
int encryptor(char *input,unsigned char output[])
{
    //使用加密强度较高的 AES 算法
    unsigned char key[AES::KEYLENGTH];
    AESEncryption aesEncryptor;
    unsigned char xorBlock[AES::BLOCKSIZE];
    memset(xoeBlock,0,AES::BLOCKSIZE);
    int r=get_key(key);
    //其他语句
    aesEncryptor.SetKey(key.AES::DEFAULT_KEYLENGTH);        //设置密钥
    aesEncryptor.ProcessAndBlock(input,xorBlock,output);    //加密 input 并保存到 output 中
    return output;
}
```

前面提到 AES 算法是一种不安全的加密算法，建议使用 SHA-2。然而，在对安全性要求不很高的场景下，可以继续采用 AES 算法。

4.7.6　可逆的哈希算法

对于可逆的哈希算法（CWE-328），漏洞扫描和漏洞风险如下。

- 漏洞扫描：软件采用的哈希算法具有可逆算法，该算法可利用生成的哈希值确定原始输入，或者可以找到一个输入以产生相同的哈希值。
- 漏洞风险：通过逆向算法获取原始输入或产生哈希值相同的输入，进而绕过依赖哈希算法的安全认证。

修复或规避建议如下。

采用当前公认的不可逆标准哈希算法。

不规范用法如下。

```
#include "sha.h"
using namespace CryptoPP;
int encryptor(char *input,unsigned char output)     //加密函数
{
    SHA1  sha1;
    int r=sha1.enc(input,output);                    //使用 SHA-1 加密
  //其他语句
}
```

SHA-1 算法已经被破解，不建议采用。

规范用法如下。

```
#include "sha.h"
using namespace CryptoPP;
int encryptor(char * input,unsigned char output)   //加密函数
{
    SHA256  sha256;
    int r = sha256.enc(input,output);                //使用 SHA-256
    //其他语句
}
```

SHA-256 是相对比较安全的加密算法。

4.7.7　密码分组链接模式未使用随机初始化向量

对于密码分组链接模式未使用随机初始化向量（CWE-329），漏洞描述和漏洞风险如下。

- 漏洞描述：密码分组链接模式使用的初始化向量不是一个随机数。
- 漏洞风险：通过字典式攻击，读取加密的数据。

修复或规避建议如下。

密码分组链接模式使用随机初始化向量。

不规范用法如下。

```
#include "aes.h"
using namespace CryptoPP;
int key_size = 8;
int encryptor(char *input)
{
    unsigned char key[key_size];
    unsigned char iv[]={0x01,0x02,0x03,0x04,0x05,0x06,0x07,0x08};
    //其他语句
    CBC_Mode<AES>::Encryption Encryptor(key,key_size.iv);     //使用固定的初始化向量
    //其他语句
}
```

分组密码每次只能处理一块特定长度的数据，每块都是一个分组，分组的位数就称为分组长度。当加密的内容超过分组密码的长度时，就要对分组密码算法进行迭代，迭代的方法称为分组密码的模式。

分组密码的模式主要有 ECB（Electronic CodeBook，电子密码本）模式、CBC（Cipher Block Chaining，密文分组链接）模式、CFB（Cipher FeedBack，密文反馈）模式、OFB（Output FeedBack，输出反馈）模式、CTR（Counter，计数器）模式。

CBC 模式是分组密码的 5 种模式之一。这种模式先将明文切分成若干小段，然后对每一小段与初始块或者上一段密文进行异或运算，再对密钥进行加密。当加密第一个明文分组时，由于不存

在前一个密文分组，因此需要事先准备一个长度为一个分组的比特序列来代替前一个密文分组，这个比特序列称为初始化向量，也就是盐（salt）。在上面的示例中，添加的盐值是固定值，这是不安全的。

规范用法如下。

```
#include <wincrypt.h>
#include "aes.h"
using namespace CryptoPP;
int key_size=8;
int encryptor(char *input)
{
    HCRYPTPROV hcryptprov;
    unsigned char key[key_size];
    unsigned char iv[key_size];
    //其他语句
    if(CryptGenRandom(hcryptprov,EVP_MAX_IV_LENGTH,iv))    //使用随机的初始化向量
    {
        CBC_Mode<AES>::Encryption Encryptor(key,key_size.iv);
        //其他语句
    }
}
```

盐值使用随机的初始化向量，这可以降低被猜对的可能性。

4.7.8　不充分的随机数

对于不充分的随机数（CWE-330），漏洞描述和漏洞风险如下。
- 漏洞描述：软件在安全相关代码中依赖不充分的随机数。
- 漏洞风险：预测将生成的随机数，绕过依赖随机数的安全保护。

修复或规避建议如下。

使用目前经过审核的加密 PRNG 算法，在初始化随机数生成器时，使用足够长且不固定的种子。

不规范用法如下。

```
void example_fun()
{
    int i,num;
    unsigned char iv[8];
    for(i=0;i<8;i++)
    {
        num=10*rand()/(RAND_MAX+1);   //使用不充分的伪随机数生成器
        iv[i]=num+'0';
    }
    //其他语句
}
```

对于 CWE-330，错误消息是 Use of Insufficiently Random Values。

规范用法如下。

```
#include <wincrypt.h>
void example_fun()
{
    HCRYPTPROV hcryptprov;
    unsigned char iv[8];
    if(CryptGenRandom(hcryptptov,8,iv))
```

```
    {
        //其他语句
    }
}
```

我们虽然看不到 CryptGenRandom( )函数的内部，但是使用了 WIN32_WINNT 中的宏，该宏不是显式定义的，且需要包含 wincrypt.h 头文件。

4.7.9　安全关键的行为依赖反向域名解析

对于安全关键的行为依赖反向域名解析，漏洞描述和漏洞风险如下。

- 漏洞描述：通过反向域名解析获取 IP 地址的域名，然后依赖域名对主机进行身份鉴别。
- 漏洞风险：通过 DNS 欺骗修改 IP 地址与域名的对应关系，从而绕过依赖域名的主机身份鉴别。

修复或规避建议如下。

通过用户名密码、数字证书等对主机身份进行鉴别。

不规范用法如下。

```
#include <arpa/inet.h>
#include <winsock.h>
//其他语句
int is_trusted(char *address)              //验证主机是否值得信任
{
    struct hostent  *hp;
    char *trustedHost = "trustme.com";
    struct in_addr myaddress;
    myaddress.s_addr = inet_addr(address);   //把 address 转换成 32 位 IPv4 地址
    //通过反向解析获取 myaddr 的域名
    hp= gethostbyaddr((char*))&myaddress.s_addr,sizeof(in_addr),AF_INET);
    //通过域名对主机进行身份鉴别
    //通过 DNS 欺骗绕过依赖域名的主机身份鉴别
    if(hp&&!strncmp(hp->h_name,trustedHost,sizeof(trustedHost)))
    {
        return 1;
    }
    else
    {
        return 0;
    }
}
```

这种情况很少遇到，没有开发人员使用 DNS 检验主机的合法性，因为他们很容易被 hosts 文件或其他 DNS 映射机制所欺骗。

规范用法如下。

```
int is_true(char *,char *); //判断用户名和密码是否正确
int is_trusted(char *address,char *password)     //验证主机是否值得信任
{
    //通过用户名和密码对主机进行身份鉴别
    return is_true(username,password);
}
```

使用主机的用户名和密码也需要以加密方式验证，否则代码就使用明文形式存储敏感信息了。

4.7.10　没有要求使用强密码

对于没有要求使用强密码（CWE-521），漏洞描述和漏洞风险如下。

- 漏洞描述：软件没有要求用户使用足够复杂的密码。
- 漏洞风险：其他人可以很容易地猜测出用户的密码或实施暴力破解攻击。

修复或规避建议如下。

要求用户使用足够复杂的密码。密码强度策略应指定密码的最小长度和最大长度；要求密码包含字母、数字和特殊字符，不包含用户名；要求定期更改密码，不使用用过的密码；要求身份鉴别失败一定次数后锁定用户。

不规范用法如下。

```
void setpassword(string);    //存储用户输入的密码
void init_user(string username,string password)
{
    ...
    set_password(password);   //密码强度可能不足
}
```

这要求在代码中对密码进行强度校验。当然，这也要看密码使用的场景，以及密码是否需要加密。

规范用法如下。

```
string username;              //用户名
string[]  passwordlist;       //密码表
string create_password_date;  //密码创建的时间
int password_outdate_days;    //密码过期天数(可配置)
boolean user_exists(string,string);  //判断密码是否正确
void set_password(string);    //存储用户输入的密码
int check_length(string);     //检查密码长度
int check_mode(string);       //密码是否包含字母、数字和特殊字符
int check_exclude_name(string);//判断密码是否不包含用户名
int check_time(string);       //通过比较当前时间和密码创建时间判断密码是否过期
int check_is_used(string);    //通过查询密码表判断密码是否曾经用过
//其他语句
int check_password_level(string password)      //密码强度检测
{
    if(check_length(password) == 0)
    {
        count<<"密码长度不符合要求!"<< endl;
        return 0;
    }
    if(check_mode(password)==0)
    {
        count<<"密码组合等级弱!"<< endl;
        return 0;
    }
    if(check_exclude_name(password)==0)
    {
        count<<"密码包含用户名!"<< endl;
        return 0;
    }
    if(check_is_used(password)==0)
    {
```

```
        count<<"密码曾经使用过!"<< endl;
        return 0;
    }
    //其他语句
    return 1;
}
void init_user(string username,string password)
{
    //其他语句
    if(check_password_level(password))    //检测密码的强度
    {
        set_password(password);
    }
    else
    {
        //其他语句
    }
}

//在用户登录时自动判断密码使用期限并提示用户更新密码
void check_user(string username,string password)
{
    if(user_exists(username,password))    //身份鉴别
    {
        if(!check_time(password))            //检测密码是否过期
        {
            //提示用户密码已过期，建议其修改密码
            //其他语句
        }
        else
        {
            //其他语句
        }
    }
    //其他语句
}
```

这种校验密码方法的确比较全面。开发人员如果可以引用一些成熟的校验函数或可信库中的代码就比较好了。

4.7.11 没有对密码域进行掩饰

对于没有对密码域进行掩饰（CWE-549），漏洞描述和漏洞风险如下。

- 漏洞描述：用户输入密码时没有对密码进行掩饰。
- 漏洞风险：增加了其他人通过观察屏幕获取密码的可能性。

修复或规避建议如下。

用户在输入密码时对密码域进行掩饰。通常，用户输入的每一个字符都应该以星号形式回显。

对于 CWE-549，错误消息是 Missing Password Field Masking。

不规范用法如下。

```
void example_fun()
{
    char password[MAX_STR_LEN];    //MAX_STR_LEN 的值为 15
```

```
        int i=0;
        char c='0';
        printf("Please enter the password:");
        while(i<MAX_STR_LEN&&c!='\n')
        {
            scanf("%c",&c);    //没对用户输入的密码进行掩饰
            password[i]=c;
            i++;
        }
}
```

规范用法如下。

```
void example_fun()
{
    char password[MAX_STR_LEN];    //MAX_STR_LEN 的值为 15
    int i=0;
    char c='0';
    printf("Please enter the password:");
    while(i<MAX_STR_LEN&&(c=getch())!='\n')
    {
        password[i]=c;
        putchar('*');    //用星号代替用户输入的密码
        i++;
    }
}
```

在 DOS 窗口中输入密码时，窗口显示星号，但是要防止输入密码时被周边视频拍上或敲击键盘时被别人看到。

4.7.12　通过用户控制的 SQL 关键字绕过授权

对于通过用户控制的 SQL 关键字绕过授权（CWE-566），漏洞描述和漏洞风险如下。

- 漏洞描述：软件使用的数据库表包括某个用户无权访问的记录，但该软件执行的一条 SQL 语句中的关键字可以受该用户控制。
- 漏洞风险：如果用户可以将关键字设置为任何值，那么该用户就可以使用该关键字访问无权访问的记录。

修复或规避建议如下。

对用户输入的关键字进行验证，确保该用户只能访问他有权访问的记录。

不规范用法如下。

```
#include <stdio.h>
#include <string.h>
char username[16];               //用户名
//其他语句
int sql_compare(char *);    //判断字符串是否符合构建 SQL 语句的要求
void sql_query(char *staffID)  //staffID 为用户输入的数据，不超过 10 个字符
{
    if(sql_compare(staffID))
    {
        char sqlQuery[64]="SELECT *FROM employee WHERE staffID ='";
        strcat(sqlQuery,staffID);
        strcat(sqlQuery,"'");
        //在数据库中执行 SQL 语句
        //执行其他语句
```

```
    }
    //执行其他语句
}
```

使用用户输入作为查询条件有风险。

对于 CWE-566，错误消息是 Authorization Bypass Through User-Controlled SQL Primary Key。

规范用法如下。

```
#include <stdio.h>
#include <string.h>
char username[16];    //用户名
//其他语句
int sql_compare(char *);     //判断字符串是否符合构建 SQL 语句的要求
void sql_query(char *staffID)  //staffID 为用户输入的数据，不超过 10 个字符
{
    if(sql_compare(staffID))
    {
      //查询语句增加部门 ID 查询条件
      char sqlQuery[64]="SELECT *FROM employee WHERE staffID ='";
      strcat(sqlQuery,staffID);
      strcat(sqlQuery,"' and DepartID = '");
      strcat(sqlQuery,find_departID(username));
      strcat(sqlQuery,"'");
       //在数据库中执行 SQL 语句
       //执行其他语句
    }
    //执行其他语句
}
```

在代码中进行拼接可以防止用户输入，不过用 C 语言操作数据库比较麻烦，不能像 Java 语言那样以很多方式防止 SQL 注入。

4.7.13 未使用盐值计算哈希值

对于未使用盐值计算哈希值（CWE-759），漏洞描述和漏洞风险如下。

- 漏洞描述：软件对密码等不可逆的输入使用单向加密哈希，但未使用盐值。
- 漏洞风险：如果未使用盐值计算哈希值，其他人就很容易利用彩虹表等字典攻击技术破解密码。

修复或规避建议如下。

使用盐值计算哈希值，增加破解密码的难度。

不规范用法如下。

```
#include "sha.h"
using namespace CryptoPP;
int encryptor(char *, char *output)    //加密函数
{
    SHA256 sha256;
    int r=Sha256.enc(input,output);
    //其他语句
}
void example_fun(char *password)        //password 的最大长度为 20 个字符
{
    //其他语句
    char psw[1024] ={0};
    int r = encryptor(password,psw);  //仅使用单向加密
```

```
    //将加密得到的 psw 字符串存储到数据库中
    //其他语句
}
```

规范用法如下。

```
#include "sha.h"
#include "aes.h"
using namespace CryptoPP;
int encryptor(char *, char * output)        //加密函数
{
    SHA256 sha256;
    int r=Sha256.enc(input,output);
    //其他语句
}
void send_salt(char * salt)
{
    AESEncryption   aesEncryptor;
    //其他语句
    char psw[1024] ={0};
    int r = aesEncryptor(salt,output);
    //发送加密后的盐值（output）到另一个服务器上
    //其他语句
}
char *random_str(int);                       //随机生成字符串
int saltLength=20;
void example_fun(char *password)             //password 的最大长度为 20 个字符
{
    char *salt=random_str(saltLength);       //获得一个长度为 saltLength 的随机字符串
    char str[64];
    strcat(str,password);
    strcaT(str,salt);                        //加入 salt 值
    char psw[1024]={0};
    int r=encryptor(str,psw);
    //将加密得到的 psw 字符串存储到数据库中
    //其他语句
    //将加密后的 salt 字符串存储到另一个服务器的数据库中
    send_salt(salt);
    //其他语句
}
```

若开发后台服务程序，的确需要在代码安全方面考虑得更多一些。

4.7.14　RSA 算法未使用最优非对称加密填充

对于 RSA 算法未使用最优非对称加密填充（CWE-780），漏洞描述和漏洞风险如下。

- 漏洞描述：使用 RSA 算法时未使用最优非对称加密填充。
- 漏洞风险：降低破解密码的难度。

修复或规避建议如下。

当使用 RSA 算法时，使用最优非对称加密填充。

不规范用法如下。

```
#include  "rsa.h"
using namespace CryptoPP;
int encryptor(char *input,char *output)      //加密函数
{
    RSAES_PKCS1v15_Encryptor rsapkcs1;       //使用 PKCS1 填充
```

```
    int r=rsapkcs1.enc(input,output);
    //其他语句
}
```

当在客户端中选择 RSA_NO_PADDING 模式时，如果明文不够 128 字节，加密时会在明文前面填充零。解密后的明文也会包括前面填充的零，这时服务器需要把解密后的字段前面填充的零去掉，才能得到加密之前的明文。

当选择 RSA_PKCS1_PADDING 模式时，如果明文不够 128 字节，加密时会在明文中随机填充一些数据，这会导致每次对同样的明文加密后的结果都不一样。对于密文，服务器使用相同的填充方式予以解密。

RSA_PKCS1_OAEP_PADDING 模式的安全性最高。

对于 CWE-780，错误消息是 Use of RSA Algorithm without OAEP。

不规范用法如下。

```
#include "rsa.h"
using namespace CryptoPP;
int encryptor(char *input,char *output)    //加密函数
{
    RSAES_OAEP_SHA_Encryptor rsaoaep;
    int r=rsaoaep.enc(input,output);
    //其他语句
}
```

4.8　Web 问题

对于跨站脚本（CWE-79），漏洞描述和漏洞风险如下。

- 漏洞描述：使用未经验证的输入数据构建 Web 页面。
- 漏洞风险：其他人可能会构建任意 Web 页面，并在页面中植入恶意脚本。

修复或规避建议如下。

在构建 Web 页面前，对输入数据进行验证或编码，确保输入数据不影响页面的结构。

不规范用法如下。

```
#include <WinInet.h>
void write_html(const char *,const char *);   //将参数1的字符串写入参数2指定网页的函数
int example_fun(int argc,char **argv)
{
    //创建一个 Internet 连接
    HINTERNET example=InternetOpen("TextExample",INTERNET_OPEN_TYPE_PRECONFIG,
                                    NULL,NULL,0);
    //其他语句
    char *name=getPar(argv,'name'); //name 源自默认不可信任的外部输入
    write_html(name,"index.html");
    //name 在输出前未经验证，或攻击者输入恶意脚本即可篡改 index.html
    //其他语句
    InternetCloseHandle(example);    //关闭 Internet 连接
    return 0;
}
```

以外部输入作为页面输入肯定是不安全的。

对于 CWE-79，错误消息是 Improper Neutralization of Input During Web Page Generation（'Cross-site Scripting'）。

规范用法如下。

```
#include <WinInet.h>
void write_html(const char *,const char *);    //将参数 1 的字符串写入参数 2 指定网页的函数
char *verification(const char *);               //验证参数
int example_fun(int argc,char **argv)
{
    创建一个 Internet 连接
    HINTERNET example=InternetOpen("TextExample",INTERNET_OPEN_TYPE_PRECONFIG,NULL,NULL,0);
    //其他语句
    char *name=getPar(argv,'name');                 //name 源自默认不可信任的外部输入
    write_html(verification(name),"index.html"); //name 在输出前已进行验证或转义
    //其他语句
    InternetCloseHandle(example);                   //关闭 Internet 连接
    return 0;
}
```

通过检验、转义等方式防止未经验证的输入信息直接显示出来，导致页面被篡改。

第5章　常见运行时缺陷

　　在工程实践中，我们还需要更多地关注程序在运行期间的缺陷。我们把这些在编译阶段无法通过编译器检查出来而在运行期间暴露出的缺陷称为运行时缺陷，例如，数组越界。虽然现在有些数组越界是能够通过编译器报出的，但是对于大多数数组越界情况，编译器是不会报出错误的。当然，这也与不同的 C/C++编译相关。运行时缺陷是在代码审查中更关注的缺陷。

　　运行时缺陷就是程序加载到内存并在 CPU 运行时发生的错误。在 C 语言代码的编译过程中，指令没有被 CPU 执行，这时编译器报出的错误属于编译错误，编译错误是可以被程序员在编译阶段修复的。运行时缺陷隐藏在代码中，直到程序运行时才暴露出来。运行时缺陷会改变程序原有的逻辑，甚至会导致系统崩溃。它是软件错误中极具风险性的一种，相对于编译错误，运行时缺陷更难以发现和修复，如果在投产之前未发现和修复，则会为程序带来风险和隐患。

　　C 代码、C++代码存在运行时缺陷问题，Java 代码、C#代码分别运行在 JVM 和.NET Framework 环境中，也存在运行时缺陷，而 Python 代码、PHP 代码很少存在运行时缺陷。常见的运行时缺陷包括缓冲区溢出、内存泄漏、代码不可达、整数溢出或环绕、资源泄露、线程死锁、无限循环等。

5.1　缓冲区溢出

5.1.1　缓冲区溢出的原理

　　缓冲区是指内存中一段连续的地址空间用来缓存数据。在大多数开发语言中，把数组和指针分配的空间作为缓冲区。缓冲区溢出是指读取或写入的数据范围超过数组或指针指向的缓冲区空间，导致程序在运行期间发生异常。大多数情况下，对于缓冲区溢出，编译器无法给出错误信息，而只有在程序运行期间，缓冲区溢出缺陷才会暴露出来，所以缓冲区溢出也属于运行时缺陷。程序在运行期间发生异常是由于缓冲区溢出并破坏了缓冲区之外的其他变量。而缓冲区外的数据是否发生异常取决于受到污染的变量值是否合理，当时是否用于其他程序功能等，所以缓冲区溢出缺陷可能会导致程序异常，也可能短期内不会导致程序异常。

　　缓冲区溢出的原理如图 5-1 所示。

　　在不同的编译器和操作系统下，溢出数据在栈中破坏的位置可能不同，这与操作系统是否支持 DEP（Data Execution Prevention，数据执行保护）有关。DEP 主要用于防止计算机遭受病毒和其他安全威胁的侵害。

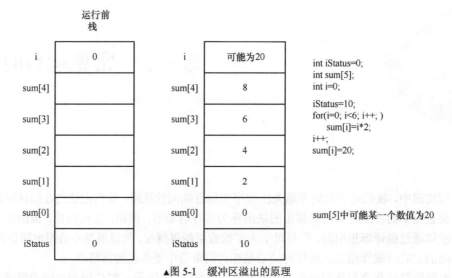

▲图 5-1　缓冲区溢出的原理

常见的缓冲区溢出缺陷包括以下几种。

- 写入污染数据导致的越界。
- 污染数据用作数组下标。
- 污染数据用于内存分配函数。
- 污染数据用于指针操作。
- 污染数据用于复制字符串。
- 污染数据用于格式化字符串。
- 给数组赋值使用的字符串越界。
- 数组下标访问越界。
- 初始化内存越界。
- 指针操作越界。
- 字符串复制越界。
- 格式化字符串导致缓冲区溢出。

缓冲区溢出可以使任何一个有黑客技术的人取得机器控制权，甚至最高权限。比较著名的安全漏洞事件包括 2003 年 8 月的冲击波病毒，2014 年 4 月的 openSSL Heartbleed（心脏滴血）漏洞，2015 年 1 月的 Linux glibc 库幽灵漏洞。根据 CNNVD 2018 年 12 月月报，当月采集的漏洞有 1275 个，其中缓冲区溢出错误排名第一，一共 196 个，占比约为 15.37%。CWE 收集的与缓冲区溢出漏洞相关的编号包括 CWE-119、CWE-120、CWE-121、CWE-122、CWE-129、CWE-134、CWE-193、CWE-787、CWE-788 和 CWE-805 等。

与缓冲区溢出相关的安全漏洞主要是由开发人员在编写程序的过程中使用缓冲区不当引起的。这种类型的缺陷有共同的特征，是可以通过源代码静态分析手段检测出来的，也是完全可以在开发阶段检测出来并进行修复的。当然，这时候修复安全漏洞的成本是最低的。

缓冲区是一块连续的内存区域，可保存相同数据类型的多个实例，如代码段、数据段、堆和栈。栈存放函数变量和实参，堆提供动态申请的内存，静态数据区存放全局或静态数据。在 C/C++语言中，通常使用字符数组和 malloc/new 之类内存分配函数申请缓冲区。缓冲区溢出是常见的程序缺陷，严重者可能被攻击者利用，成为安全漏洞。

按照冯·诺依曼存储程序原理，程序代码是作为二进制数据存储在内存的，程序数据也存储在内存中，因此直接从内存的二进制形式上是无法区分哪些是数据、哪些是代码的，这也为缓冲区溢出攻击提供了可能。攻击者利用缓冲区溢出的最终目的就是希望系统能执行这块可读写内存中已经设定好的恶意代码。

　　栈帧结构的引入为高级语言中实现函数或过程调用提供直接的硬件支持,但将函数返回地址保存在程序员可见的栈中,这给系统安全带来了隐患。攻击者将函数返回地址修改为指向一段精心安排的恶意代码,即可达到危害系统的目的。此外,栈的正确恢复依赖 EBP(Extended Stack Pointer,扩展栈指针)的值的正确性,但 EBP 邻近局部变量,若编程中通过局部变量的地址偏移量篡改 EBP 的值,则程序的行为将变得非常危险。

　　栈一般是按照向下增长的方式存取的,例如,执行 push 0x0021fd76(0x0021fd76 是一个变量的值)操作,按照图 5-2 进入栈空间,高字节在高位,低字节在低位,这种方式就是"大端"方式。为什么栈采取这种存取方式呢?堆和栈共用相同的空间,堆从某一个地址增长,而栈从某一个高地址减小,这样两者向中间增长,保证堆和栈都能先申请先利用,直到最后没有空间(当然,这时候发生栈溢出,程序会崩溃),以保证最大的内存利用率。

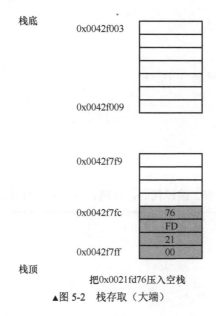

▲图 5-2　栈存取(大端)

　　这里说明一下大端和小端的区别。

　　大端指的是高位字节存放在高地址,低位字节存放在低地址。

　　小端指的是低位字节存放在高地址,高位字节存放在低地址 。

　　有两种常见的方法来判断是大端还是小端。

　　方法一是使用指针。

```
int x=1;
if(*(char*)&x==1)
    printf("little-endian\n");
else
    printf("big-endian\n");
```

　　方法二是使用联合。

```
union{
    int i;
    char c;
}x;
```

```
x.i=1;
if(x.c==1)
    printf("little-endian\n");
else
    printf("big-endian\n");
```

　　由于 C/C++语言没有数组越界检查机制，因此当向局部数组缓冲区写入的数据超过为缓冲区分配的大小时，就会发生缓冲区溢出。

　　示例代码如下。

```
//wshell.cpp : 定义控制台应用程序的入口点
//
#include "stdafx.h"
int fun(void)
{
    int a=10,*p=NULL;
    a=20;
    p=(int*)((char *)&a+16);
    *p+=16;
    return a;
}
int _tmain(int argc, _TCHAR* argv[])
{
    int b=11;
    b=fun();
    printf("printf aaa\n");
    printf("printf bbb\n");
    return 0;
}
```

　　通过 Visual Studio 2012 编辑、编译代码，在调试模式下，查看汇编代码，如图 5-3 所示。

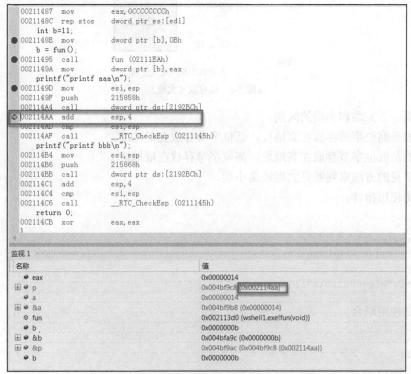

▲图 5-3　查看汇编代码

编译代码，如图 5-4 所示。

```
(全局范围)                                                    ⊙ fun(void)
日// wshell.cpp：定义控制台应用程序的入口点
  //

   #include "stdafx.h"

  日int fun(void)
   {
       int a=10, *p=NULL;
       a=20;
       p=(int*)((char *)&a + 16);
       *p+=16;
       return a;
   }


  日int _tmain(int argc, _TCHAR* argv[])
   {
       int b=11;
       b = fun();
       printf("printf aaa\n");
       printf("printf bbb\n");
       return 0;
   }
100 %  ▾
```

监视 1		▾ ╄ ×
名称	值	类型
⊙ eax	0x004bf9c8	unsign
⊞ ● p	0x004bf9c8 {0x002114aa}	int *
● a	0x00000014	int
⊞ ● &a	0x004bf9b8 {0x00000014}	int *
⊙ fun	0x002113d0 {wshell1.exe!fun(void)}	int (voi
● b	0x0000000b	🔁 int
⊞ ● &b	0x004bfa9c {0x0000000b}	🔁 int *
⊞ ● &p	0x004bf9ac {0x004bf9c8 {0x002114aa}}	int * *
● b	0x0000000b	🔁 int

▲图 5-4　编译代码

ESP 寄存器存放的是函数栈顶指针。调用 fun 函数返回的地址是 0x0021149A，而 fun 函数执行完之后，返回地址是调用函数指令后跟的指令地址，要跳转到 0x002114AA 地址，两条指令之间相差 16。变量 a 的地址是 0x004BF9B8，fun 函数的返回地址存放在 0x004BF9B8+16=0x004BF9C8 中，所以在 fun 函数中要取变量 a 地址，加 16 之后，得到返回地址。

Visual C++在编译后会检查指针越界等缺陷，所以会抛出异常，程序可以忽略掉异常，继续执行，输出 printf bbb 字符串，也就是第一个字符串通过 fun 函数实现地址跳转，跳转到第二个输出语句。请参考图 5-5 和图 5-6。

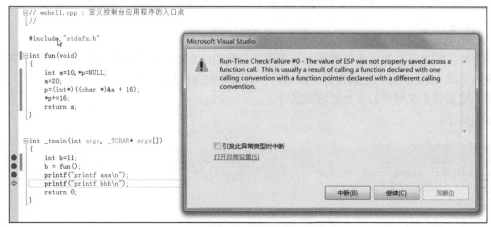

▲图 5-5　抛出异常

▲图 5-6　遇到异常后继续执行

5.1.2　防范缓冲区溢出

防范缓冲区溢出问题的规则是确保对输入数据做边界检查。相对于系统安全，不要担心因为添加检查机制而影响程序效率。不要为接收的数据预留过小的缓冲区，大量数据应通过 malloc/new 分配堆空间。

在将数据读入或复制到目标缓冲区前，检查数据长度是否超过缓冲区空间，以确保不会将过大的数据传递给别的程序，尤其是第三方商用软件库——不要设想关于其他软件行为的任何事情。因为很多商用库也是由程序员编写的，早期对风险防范关注较少，所以难免出现各种漏洞。

若有可能，改用具备防止缓冲区溢出内置机制的高级语言（如 Java、C#等）。许多语言依赖 C 库，或具有关闭该保护特性的机制（为速度而牺牲安全性）。

借助某些底层系统机制或检测工具（如对 C 数组进行边界检查的编译器）。许多操作系统（包括 Linux 系统和 Solaris 系统）提供非可执行栈补丁，但该方式不适于这种情况：利用栈溢出使程序跳转到堆上的代码。此外，存在一些侦测和去除缓冲区溢出漏洞的静态分析工具与动态工具，甚至采用 grep 命令自动搜索源代码中每个有问题函数的实例。

即使采用上面这些保护手段，程序员自身也可能犯其他错误，导致引入缺陷。例如，当使用有符号数存储缓冲区长度或某个待读取内容的长度时，攻击者可能会将其变为负值，从而使该长度被解释为很大的正值。经验丰富的程序员还容易过于自信地使用某些危险的库函数，如为其添加自己编写的检查机制，或错误地认为使用具有潜在危险的函数在某些特殊情况下是"安全"的。

5.1.3　栈缓冲区溢出

栈缓冲区溢出是指被覆盖的缓冲区是在栈上分配的，缓冲区通常是分配给一个局部变量的。缓冲区溢出导致 CPU 资源消耗或内存资源消耗，进而导致程序崩溃。缓冲区溢出通常可用于执行任意代码，这通常不在程序的安全策略范围内。

示例如下。

```
Example Language: C
#define BUFSIZE 256
int main(int argc, char **argv) {
    char buf[BUFSIZE];
    strcpy(buf, argv[1]);
}
```

缓冲区大小是固定的，但不能保证 argv[1]中的字符串不会超过此大小并导致溢出。

栈缓冲区溢出可以在返回地址覆盖、栈指针覆盖或帧指针覆盖中实例化，它们还可以被视为"函数指针覆盖""数组索引器覆盖"或"任意写入"等。

5.1.4　缓冲区溢出案例

1. 写入污染数据导致的越界

请参考下面的代码。

```
#include <stdio.h>
#include <stdlib.h>

int main(int argc, char *argv[])
{

    char cArray[10];
    scanf("%s",cArray);
    printf("%s,Hello, welcome you! \n",cArray);
    return 0;
}
```

上面的代码声明了数组 cArray[]，长度为 10 个字符。在代码中，通过控制台输入字符串，直接将字符串存储到数组。如果输入数据的长度超过 10 个字符，则会导致缓冲区溢出。为防止出现这种错误，要限制输入数据的长度，例如，使用 scanf("%10s",cArray)。

所谓污染数据主要是指来自输入设备、文件或网络等外部的数据。如果没有对输入数据的长度、类型等进行合法性检测，则程序会存在着安全漏洞。我们无法不允许用户输入数据，但是我们必须保证输入数据在可控范围之内。这种缺陷可以被静态检测工具检测出来。

2. 污染数据用作数组下标

请参考下面的代码。

```
#include <stdio.h>
#include <stdlib.h>

int main(int argc, char *argv[])
{
    char cArray[10];
    int n=0;
    int i=0;

    for(i=0;i<10;i++)
    {
        scanf("%d",@n);
        cArray[n]=1;
    }
    return 0;
}
```

上面的代码声明了字符数组 cArray[]，长度为 10 个字符，在循环中输入一个数字并以它作为数组的下标。若用户输入 0~9 之外的整数，会导致数组越界。为防止出现这种错误，要判断读入的下标值是否在整数 0~9 内。

CWE-129 属于该类漏洞。我们无法控制用户输入我们想要的数据，但是我们可以通过合法性检验防止不能接受的输入。CWE-129 漏洞可以通过静态检测工具检测出来，如图 5-7 所示。

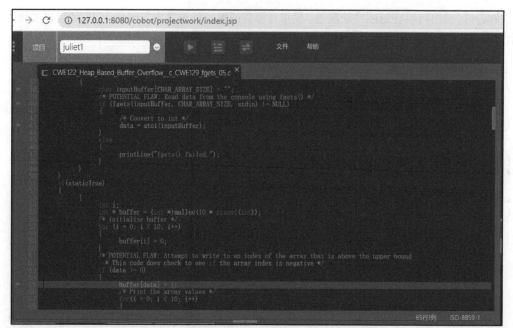

▲图 5-7　检测出 CWE-129 漏洞

CWE-129 漏洞在 CWE122_Heap_Based_Buffer_Overflow__c_CWE129_fgets_05.c 中 CWE122_Heap_Based_Buffer_Overflow__c_CWE129_fgets_05_bad( )函数的第 65 行。

缺陷说明如下。

在 CWE122_Heap_Based_Buffer_Overflow__c_CWE129_fgets_05.c 文件第 40 行调用 fgets 函数从外部输入变量 inputBuffer，第 65 行的数组 buffer[]的下标 data 来自第 40 行的外部输入 fgets，这可能会导致数组下标超出数组的大小。

3. 污染数据用于内存分配函数

下面给出了一段示例代码。

```c
#include <stdio.h>
#include <stdlib.h>

int main(int argc, char *argv[])
{
    char cArray[10];
    int d=0;
    scanf("%d",&d);
    memset(cArray,0,d);
    return 0;
}
```

在上面的代码中，memset( )是内存初始化函数，若读入的 d 值小于 0 或大于或者等于 10，会导致缓冲区溢出，所以应该在读入 d 后对其进行值域判断。该缺陷也可以通过静态分析工具检测。

4. 污染数据用于指针操作

下面给出了一段示例代码。

```c
#include <stdio.h>
#include <stdlib.h>

int main(int argc, char *argv[])
```

```
{
    int *ptr;
    int d=0;
    int i=0;

    scanf("%d",@d);
    ptr=malloc(sizeof(int)*10);
    for(i=0; i<10; i++ )
    {
        *(p+d+i)=i;
    }

    return 0;

}
```

为指针 p 申请的内存空间大小为 10 个整数的长度，当将读入的 d 作为指针偏移量时，如果 d+i 的值超过 p 指针的内存空间，则会导致缓冲区溢出。在编程中，尤其是对数组、指针等进行操作时，对外界读入的数据一定要判断，防止超过指针申请的内存空间或数组大小。

5. 污染数据用于复制字符串

下面给出了一段示例代码。

```
#include <stdio.h>
#include <stdlib.h>

int main(int argc, char *argv[])
{

    char cArray[10];
    strcpy(cArray,argv[0]);
    printf("%s",cArray);
    return 0;

}
```

当将污染数据 argv[0]复制到缓冲区时，没有长度限制。当数据长度超过 10 字节时，则会发生缓冲区溢出。除上面的示例中的 strcpy( )函数之外，strncpy( )、strcat( )、strncat( )、memcpy( )、memccpy( ) 等函数也存在同样的问题。我们可以用 strncpy( )替代 strcpy( )函数，但是要注意传入的参数 n 小于或等于数组长度。

具有危险性的函数还有 gets( )，从标准输入设备读取用户输入的字符串，直到遇到 EOF 或换行字符。strcat( )函数也有类似问题。

strncpy( )函数也存在调用安全问题，当源字符串长度等于或大于目标缓冲区时，strncpy( )不使用 NULL 结束字符串，这为后面使用字符串带来了隐患。

6. 污染数据用于格式化字符串

下面给出了一段示例代码。

```
#include <stdio.h>
#include <stdlib.h>

int main(int argc, char *argv[])
{

    char cArray[10];
```

```
    sprintf(cArray,argv[0]);
    printf("%s",cArray);

    return 0;
}
```

sprintf( )函数没有对第二个参数进行长度限制，这可能会导致数据长度超过第一个参数指向的缓冲区，进而导致缓冲区溢出。为了避免该问题，我们可以使用 snprintf( )替换 sprintf( )函数，但是也要对传输的参数 n（长度）进行校验。

函数 vsprintf( )也有类似问题。

7. 给数组赋值使用的字符串越界

常规缓冲区溢出是指由程序员书写错误导致的显式缓冲区溢出漏洞，如给数组赋值使用的字符串越界。

在缓冲区中给超过缓冲区长度的字符串常量赋值会导致缓冲区溢出。下面给出了一段示例代码。

```
#include <stdio.h>
#include <stdlib.h>

int main(int argc, char *argv[])
{
    char cArray[10]="abcdefghijk";
    return 0;
}
```

在上面的示例中，数组长度声明为 10，给它赋值的字符串"abcdefghijk"的长度为 11，超过数组本身的长度 10，这导致缓冲区溢出。在数组初始化的时候，初始化字符串的长度不要超过数组长度的合法范围。

8. 数组下标访问越界

数组下标为负数或数组下标超过数组长度，会导致缓冲区边界溢出。下面给出了一段示例代码。

```
#include <stdio.h>
#include <stdlib.h>

int main(int argc, char *argv[])
{
    char cArray[10];
    cArray[10]=10;
    return 0;
}
```

数组下标为 10，超过数组 cArray 的长度 10，这导致缓冲区上边界溢出。防止出现问题的方法是对数组下标的取值范围进行判定。下面的代码发生了缓冲区下边界溢出。

```
j=-1;
arr[j]=-1;
```

9. 初始化内存越界

初始化内存越界是指在使用 memset( )初始化缓冲区空间的时候，没有考虑缓冲区的长度，导致初始化长度大于数组长度，发生缓冲区溢出。请参考下面的代码。

```
#include <stdio.h>
#include <stdlib.h>

int main(int argc, char *argv[])
{

    int iArray[10];
    memset(iArray,0,20);
    return 0;
}
```

数组的长度是 10，使用 memset( )初始化内存空间的长度为 20 字节，因此缓冲区溢出。

10. 指针操作越界

指针操作越界是指为指针动态分配内存空间后，对指针进行算术运算或者取下标操作，使操作后的指针指向不合理的范围，导致缓冲区溢出。下面给出了一段示例代码。

```
#include <stdio.h>
#include <stdlib.h>
int main(int argc, char *argv[])
{

    int *p;
    int *t=20;
    p=malloc(sizeof(int)*10);
    p[t]=10;
    *(p+t)=11;
    return 0;

}
```

在上面的示例代码中，声明了指针 p，给指针 p 分配的内存空间大小为 10 整数的长度，后面对指针进行算术运算，这导致缓冲区溢出。预防方法是对指针进行算术运算之前对变量的值范围进行校验，确保指针指向合理的区间。

11. 字符串复制越界

在使用 strcpy( )等实现字符串复制的过程中，注意，当把 src 复制到 des 时，如果 src 的长度超过 des 的长度，则会发生缓冲区溢出。

下面给出了一段示例代码。

```
#include <stdio.h>
#include <stdlib.h>

int main(int argc, char *argv[])
{

    char a[5];
    char *p="abcdef";
    strcpy(a,p);
    printf("%s",a);
    return 0;

}
```

当把指针 p 指向的字符串复制到 a[] 数组时，字符串长度（6 个字符）超过了数组 a[] 的长度，导致缓冲区溢出。当进行字符串复制时，源字符串的长度不要大于目的缓冲区的长度。

12. 格式化字符串导致的缓冲区溢出

格式化字符串导致的缓冲区溢出是指对字符串格式化时，没有对字符串长度加以限制导致的缓冲区溢出。这是一种由越界写数据引起的缓冲区溢出。使用 sprintf() 格式化字符串，导致缓冲区溢出。当格式化字符串时，要注意格式化参数的长度。下面给出了一段示例代码。

```c
#include <stdio.h>
#include <stdlib.h>

int main(int argc, char *argv[])
{
    char a[10];
    char *p="3.14159";
    sprintf(a,"p 的值为%f",p);
    printf("%s",a);
    return 0;
}
```

在上面的示例中，数组 a[] 可以容纳 10 个字符。虽然字符串 p 的长度不足 10 个字符，但是要添加"p 的值为"字符串，二者的长度超过 10 个字符，所以数组 a[] 发生缓冲区溢出。

13. 循环控制变量超过边界导致越界

在循环中，循环控制变量超过边界导致越界。对于这种情况，编译器一般不会报错。示例代码如下。

```c
int arr[10];
for(i=0;i<=10;i++)
{
    arr[i]=0;
    printf("%d\n",i);
}
```

控制循环变量 i 超过数组 arr[] 的边界。

14. 循环控制变量传递给其他变量导致越界

在循环结构中，若把循环控制变量传递给其他变量后，对其他变量再次操作，就会导致越界。下面给出了一段示例代码。

```c
int arr[10];
for(i=0;i<10;i++)
{
    arr[i]=0;
    printf("%d\n",i);
    j=i;
}
++j;
printf("arr[%d]=%d\n",j,arr[j]);
```

在上面的示例中，把循环控制变量 i 的值赋给了 j，j 在循环体外再次参与运算后，超过边界。

15. 控制数组下标的变量参加运算导致溢出

控制数组下标的变量参加运算导致超过边界。下面给出了一段示例代码。

```
#define  SUM(x)  x*x
int arr3[10];
for(i=0;i<10;i++)
{
    arr3[i]=i;
    printf("%d\n",arr3[i]);
}
int c=SUM(2+3)-1;
arr3[c]=10;
```

在上面的示例中，SUM 是一个宏，在使用宏时，SUM(2+3)展开为 2+3*2+3，经过计算，结果为 11，c 变量等于 10，超过了数组的边界。

16. 控制数组的下标在做自增/自减时溢出

控制数组的下标可以做自增、自减运算，但是一旦控制不好，就会超过数组边界，导致溢出。下面给出了一段示例代码。

```
int arr3[10];
for(i=9;i>0;i--)
{
    arr3[i]=i;
    printf("%d\n",arr3[i]);
}
i--;
arr3[i]=0;
```

在上面的示例中，arr3[]数组的下标 i 在循环结束后为 0，执行 i--后，其值为-1，超过数组下标范围，导致溢出。

5.2 内存泄漏

5.2.1 内存泄漏的原理

内存泄漏主要发生在堆内存分配方式中，即配置了内存后，所有指向该内存的指针都遗失了，若缺乏垃圾回收机制，这样的内存片就无法归还系统。因为内存泄漏属于程序运行中的问题，无法通过编译识别，所以只能在程序运行过程中判别和诊断。这种缺陷属于运行时缺陷。

内存泄漏是指程序中已动态分配的堆内存未释放或无法释放，造成系统内存的浪费，导致程序运行速度减慢甚至系统崩溃等严重后果。

内存泄漏缺陷具有隐蔽性、积累性的特征，比其他内存非法访问错误更难检测。内存泄漏产生的原因是内存块未释放，属于遗漏型缺陷而不是过错型缺陷。此外，内存泄漏通常不会直接产生可观察的错误症状，而是逐渐积累的，它会降低系统整体性能，极端的情况下可能使系统崩溃。

一般情况下，C/C++开发人员使用系统提供的内存管理函数，如 malloc( )、recalloc( )、calloc( )、new( )、delete( )、free( )等，完成动态变量存储空间的分配和释放。但是，在程序开发中，若使用的动态变量较多并且频繁发生函数调用，就易导致内存管理错误。内存管理错误产生的原因如下。

（1）分配一个内存块并使用其中未经初始化的内容。

（2）释放一个内存块后，继续引用其中的内容。

（3）当在主函数出现异常中断或主函数对子函数返回的信息使用结束时，没有释放子函数中分配的内存空间。

（4）在程序实现过程中分配的临时内存在程序结束时没有释放。内存错误一般是不可再现的，不易在程序调试和测试阶段发现，即使开发人员花费了很多精力和时间，内存错误也无法彻底消除。

按照产生的方式，内存泄漏可以分为 4 类。

- 常发性内存泄漏：发生内存泄漏的代码会多次执行，每次执行时都会导致一块内存泄漏。
- 偶发性内存泄漏：发生内存泄漏的代码只在某些特定环境或操作过程下才会发生。常发性和偶发性是相对的。对于特定的环境，偶发性的也许就变成了常发性的。测试环境和测试方法对检测内存泄漏至关重要。
- 一次性内存泄漏：发生内存泄漏的代码只会执行一次，或者算法缺陷导致总会有一块且仅有一块内存发生泄漏。
- 隐式内存泄漏：程序在运行过程中不停地分配内存，但是直到结束的时候才释放内存。严格地说，这里并没有发生内存泄漏，因为最终程序释放了所有申请的内存。但是，一个服务器程序需要运行几天、几周，甚至几个月，若不及时释放内存，可能导致最终耗尽系统的所有内存。我们称这类内存泄漏为隐式内存泄漏。从用户使用程序的角度来看，内存泄漏本身不会产生什么危害，一般的用户根本感觉不到内存泄漏的存在。真正有危害的是内存泄漏的堆积，这最终会耗尽系统所有的内存。从这个角度来说，一次性内存泄漏并没有什么危害，因为它不会堆积，而隐式内存泄漏的危害性非常大，因为相对于常发性和偶发性内存泄漏，它更难检测到。

轻微的内存泄漏可能导致长时间运行且未重启的进程发生问题。严重的内存泄漏可能导致进程崩溃。若来自网络的用户输入内容或数据发生了内存泄漏，则可能导致拒绝服务攻击。

5.2.2　内存泄漏案例

1. 空指针解引用

在 C/C++语言中，每一种指针类型都有一个特殊值——空指针。空指针是不指向任何对象或函数的指针。

根据 C++语言中的定义，指针上下文中的常数 0 会在编译阶段转换为空指针。在 stdio.h 头文件中，预处理宏 NULL 为空指针常数，所以 char *p=0;if(p!=0)相当于判断 if(p!=NULL)。

在函数调用的上下文中，为了生成空指针，需要通过显式的类型转换，强制把 0 看成指针。例如，UNIX 系统可以调用 execl()接受变长的以空指针结束的字符指针参数，形式如下。

```
execl("/bin/sh","sh","-c","date",(char* )0);
```

如果不进行强制转换，则编译器无法知道这是一个空指针，而将其当作 0。

应用程序引用一个指针，但是指针值为 NULL，这通常会导致应用程序崩溃、退出、DoS 攻击重新启动等。该缺陷一般发生在编程时没有检查指针或在多线程程序中存在竞争条件的情况下。添加异常处理机制在一定程度上可以避免该类问题。在有些情况下，即使使用异常处理机制，也很难使程序恢复到安全的状态并继续执行。

下面展示了空指针解引用的应用场景。

在单线程环境下，在使用指针之前，进行非 NULL 判断。

```
if (pointer1!=NULL)
{
  /*...*/
}
void host_lookup(char *user_supplied_addr){
    struct hostent *hp;
    in_addr_t *addr;
    char hostname[64];
    in_addr_t inet_addr(const char *cp);
    validate_addr_form(user_supplied_addr);
    addr = inet_addr(user_supplied_addr);
    hp = gethostbyaddr( addr, sizeof(struct in_addr), AF_INET);
    strcpy(hostname, hp->h_name);
}
void CWE476_NULL_Pointer_Dereference__binary_if_01_bad()
{
    {
        twoIntsStruct *twoIntsStructPointer=NULL;
        if((twoIntsStructPointer!=NULL)&(twoIntsStructPointer->intOne == 5))
        {
            printLine("intOne==5");
        }
    }
}
void CWE416_Use_After_Free__malloc_free_int64_t_03_bad()
{
    int64_t *data;
    data=NULL;
    if(5==5)
    {
        data=(int64_t *)malloc(100*sizeof(int64_t));
        if(data==NULL){exit(-1);}
        {
            size_t i;
            for(i=0;i<100;i++)
            {
                data[i]=5LL;
            }
        }
        free(data);
    }
    if(5==5)
    {
        printLongLongLine(data[0]);        //空指针解引用
    }
}
```

在 C 语言程序设计中，指针很常用。在每次解引用之前，都对指针进行判断，会影响代码的效率。通常只在解引用没有把握的指针前，对指针做判断。例如，对于传入函数的指针参数、函数指针的返回值，尤其是用 malloc( )、calloc( )为指针申请内存的情况下，要对指针进行判断，只有在非空情况下才能使用指针。

下面是一个包含缺陷的案例。代码用于从用户处获取 IP 地址，验证其格式正确，然后查找主机名并将其复制到缓冲区中。

```
void host_lookup(char *user_supplied_addr){
    struct hostent *hp;
    in_addr_t *addr;
```

```
    char hostname[64];
    in_addr_t inet_addr(const char *cp);

    validate_addr_form(user_supplied_addr);
    addr = inet_addr(user_supplied_addr);
    hp = gethostbyaddr( addr, sizeof(struct in_addr), AF_INET);
    strcpy(hostname, hp->h_name);
}
```

若攻击者提供的地址看似格式正确，但是该地址无法解析为主机名，gethostbyaddr( )调用将返回 NULL。由于程序没有检查 gethostbyaddr( )的返回值，因此在 strcpy( )调用中将发生空指针解引用。

请看下面的示例代码。

```
void CWE476_NULL_Pointer_Dereference__binary_if_01_bad()
{
    {
        twoIntsStruct *twoIntsStructPointer=NULL;

        if((twoIntsStructPointer!=NULL)&(twoIntsStructPointer->intOne==5))
        {
            printLine("intOne==5");
        }
    }
}
```

在 VXWork 下，指针可以解引用，要求就是访问内存中的零地址，通过监控零地址报告缺陷。该类缺陷被利用的概率为中等。

这段代码来自 Juliet C/C++案例，这是真漏洞。代码定义了一个指针变量，并为其赋空值。下面的 if 语句对空指针变量和结构中成员的值进行判断，这两个条件判断没有问题，但是条件中间使用变量与操作，并没有使用条件表达式的与操作，导致第一个条件和第二个条件无关，第二个条件产生空指针解引用。

修复方法是使用"&&"连接第一个条件和第二个条件。使用检测工具检测，程序不再报出空指针解引用错误，但是会报出代码不可达错误，如图 5-8 所示。

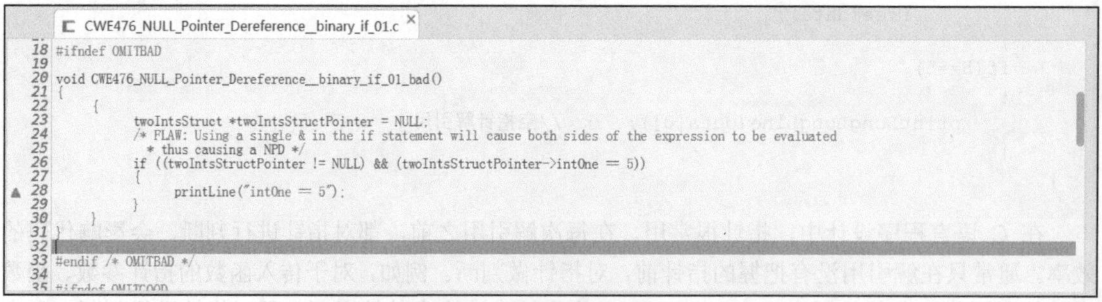

▲图 5-8　报出代码不可达错误

除 C/C++程序存在空指针解引用之外，C#程序和 Java 程序也可能存在该类缺陷。

程序调用值为 NULL 的指针的任何方法会引发空指针异常，程序可能出现 Crash、Exit、Restart 异常，执行未授权代码或命令。

第 1 段示例代码如图 5-9 所示。

```
File: /smalivm/src/main/java/org/cf/smalivm/context/ExecutionNode.java
148          this.parent = parent;

< 1. Condition "parent != null", taking false branch

<< 2. Comparing "parent" to null implies that "parent" might be null.

149          if (parent != null) {
150              parent.addChild(this);
151          }

<<< CID 33615: Null pointer dereferences FORWARD_NULL
<<< 3. Calling a method on null object "parent".

152          getContext().setParent(parent.getContext());
153      }
```

▲图 5-9　第 1 段示例代码

第 2 段示例代码如图 5-10 所示。

```
File: /xlators/mgmt/glusterd/src/glusterd-volgen.c

<<< CID 1293502: Null pointer dereferences NULL_RETURNS
<<< 6. "volgen_graph_add_nolink" returns null (checked 7 out of 8 times).

<< 7. Assigning: "xl" = null return value from "volgen_graph_add_nolink".

3330         xl = volgen_graph_add_nolink (graph, "cluster/tier", "%s",
3331                                       "tier-dht", 0);
3332         gf_asprintf(&rule, "%s-hot-dht", st_volname);

<<< CID 1293502: Null pointer dereferences NULL_RETURNS
<<< 8. Dereferencing a pointer that might be null "xl" when calling "xlator_set_option".

3333         xlator_set_option(xl, "rule", rule);
3334         xlator_set_option(xl, "xattr-name", "trusted.tier-gfid");
3335
```

▲图 5-10　第 2 段示例代码

缺陷详细信息如图 5-11 所示。

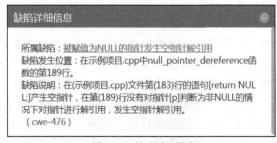

▲图 5-11　缺陷详细信息

第 189 行可能对空指针赋值，造成空指针解引用，具体见图 5-12。

```
177  //null pointer dereference
178  char *return_null(char *q, int i)
179  {
180      int x;
181      x=path_fun(i);
182      if(x)
183          return NULL;
184      return q;
185  }
186  void null_pointer_dereference(char *q, int i)
187  {
188      char *p=return_null(q, i);
189      *p= a ;
190  }
```

▲图 5-12   空指针解引用

第 3 段示例代码如图 5-13 所示。

```
83   /* goodG2B2() - use goodsource and badsink by reversing the blocks in the if statement */
84   static void goodG2B2()
85   {
86       char * data;
87       data = NULL;
88       if(STATIC_CONST_FIVE==5)
89       {
90           /* FIX: Allocate using new[] and point data to a large buffer that is at least as large as the large
buffer used in the sink */
91           data = new char[100];
92           data[0] = '\0'; /* null terminate */
93       }
94       {
95           char source[100];
96           memset(source, 'C', 100-1); /* fill with 'C's */
97           source[100-1] = '\0'; /* null terminate */
98           /* POTENTIAL FLAW: Possible buffer overflow if source is larger than sizeof(data)-strlen(data) */
99           strncat(data, source, 100);
100          printLine(data);
101          delete [] data;
102      }
103  }
```

▲图 5-13   第 3 段示例代码

缺陷发生在 CWE122_Heap_Based_Buffer_Overflow__cpp_CWE805_char_ncat_06.cpp 的 goodG2B2() 函数中，对应第 99 行。

缺陷说明指出 CWE122_Heap_Based_Buffer_Overflow__cpp_CWE805_char_ncat_06.cpp 文件第 87 行的语句产生空指针，第 99 行在没有判断指针 data 非 NULL 的情况下对指针进行解引用，发生空指针解引用。

2. 内存重复释放

若内存在释放后又被使用或引用或内存释放了两次，则可能导致无法预料的结果。内存引用问题不仅可能导致使用无法预料的值，还可能导致程序崩溃或执行任意代码。通常，如果存在错误条件或出现异常，在释放后使用或重复释放内存的错误就会出现。

内存引用问题可能导致严重的问题。根据具体情况，使用之前已释放的内存可能导致有效数据被损坏，或执行任意代码。在释放时，如果内存没有被重新分配或被回收，则其内容可能仍保持完整并可访问。被释放的位置的数据可能看来仍有效，也可能发生了无法预料的变化，并导致意外的代码行为。如果在释放后内存被分配给其他指针，而原来的指针再次使用它，则原来的指针可能指向新分配的位置。数据发生变化可能导致内存损坏与未定义的操作。如果函数指针被指向有效代码的地址覆盖，则恶意用户可能会执行任意代码。当程序重复释放相同的内存时，内存管理的数据结构将被损坏，从而导致程序崩溃，或在之后的两次函数调用中返回相同的指针。在这种情况下，如果其他人可以控制那些写入重复分配的内存中的数据，这将暴露出容易遭受缓冲区溢出攻击的漏洞。

缓解措施如下。

（1）在释放指针后将其设为空值。

（2）确保全局变量仅释放一次。

（3）在循环或条件语句中释放内存时，以及在使用重新分配内存的函数时，尤其要多加小心。

（4）确保清理过程中遵循内存分配的状态。

第 1 段示例代码如下。

```cpp
int double_free(int error)
{
    Common_TestClass *tc=new Common_TestClass();
    if(error)
    {
        delete tc;
        throw_mysqlx_error(error);
    }
    delete tc;
    return 0;
}
```

如图 5-14 所示，我们通过检测可以发现此类缺陷。

```cpp
68 }
69 int double_free(int error)
70 {
71     Common_TestClass *tc=new Common_TestClass();
72     if(error)
73     {
74         delete tc;             //
75         throw_mysqlx_error(error);
76     }
77     delete tc;
78     return 0;
79 }
```

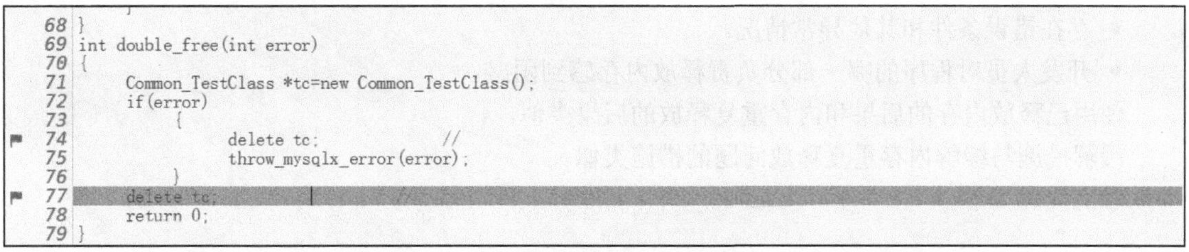

▲图 5-14 通过检测可以发现此类缺陷（一）

缺陷发生在第 77 行。

缺陷说明指出在文件（示例项目.cpp）的第 74 行使用 delete 释放了资源 tc，该文件（示例项目.cpp）的第 77 行使用了释放后的资源。

第 2 段示例代码如下。

```cpp
int use_after_free(char *j)
{
    char *k=(char *)malloc(10);
    if(k == NULL)
        return 0;
    if(condition_path(j))
        free(k);
    if(condition_path(j))
        *k='a';
    else
        free(k);
    return 0;
}
```

如图 5-15 所示，我们通过检测可以发现此类缺陷。

```
▲  81  //UFM-use after free
   82
▲  83  int use_after_free(char *j)
▲  84  {
▲  85      char *k=(char *)malloc(10);
▲  86      if(k == NULL)
▲  87          return 0;
▲  88      if(condition_path(j))
🔲 89          free(k);              //
▲  90      if(condition_path(j))
▲  91          *k='a';               //
   92      else
▲  93          free(k);
   94      return 0;
   95  }
```

▲图 5-15　通过检测可以发现此类缺陷（二）

缺陷发生在第 91 行、第 93 行。

缺陷说明指出在文件（示例项目.cpp）的第 89 行使用 free 释放了资源 k，该文件（示例项目.cpp）的第 91 行、第 93 行使用了释放后的资源。

3. 使用已释放内存

释放内存后对其进行引用可能会导致程序崩溃、使用意外的值或执行任意代码。使用已释放内存通常有两种常见原因。

* 存在错误条件和其他异常情况。
* 开发人员对程序的哪一部分负责释放内存感到困惑。

使用已释放内存的后果和内存重复释放的后果类似。

缓解措施与缓解内存重复释放问题的措施类似。

示例代码如下。

```
void CWE416_Use_After_Free__malloc_free_int64_t_03_bad()
{
    int64_t *data;
    data=NULL;
    if(5==5)
    {
        data=(int64_t *)malloc(100*sizeof(int64_t));
        if(data==NULL) {exit(-1);}
        {
            size_t i;
            for(i=0;i<100;i++)
            {
                data[i]=5LL;
            }
        }
        free(data);
    }
    if(5==5)
    {
        printLongLongLine(data[0]);      //空指针解引用
    }
}
```

检测结果如图 5-16 所示。

```
▲  24  void CWE416_Use_After_Free__malloc_free_int64_t_03_bad()
   25  {
▲  26      int64_t * data;
   27      /* Initialize data */
▲  28      data = NULL;
   29      if(5==5)
   30      {
▲  31          data = (int64_t *)malloc(100*sizeof(int64_t));
▲  32          if (data == NULL) {exit(-1);}
   33          {
▲  34              size_t i;
▲  35              for(i = 0; i < 100; i++)
   36              {
   37                  data[i] = 5LL;
   38              }
   39          }
   40          /* POTENTIAL FLAW: Free data in the source - the bad sink attempts to use data */
🔒 41          free(data);
   42      }
   43      if(5==5)
   44      {
   45          /* POTENTIAL FLAW: Use of data that may have been freed */
   46          printLongLongLine(data[0]);
   47          /* POTENTIAL INCIDENTAL - Possible memory leak here if data was not freed */
   48      }
   49  }
```

▲图 5-16　检测结果

缺陷发生在 CWE416_Use_After_Free__malloc_free_int64_t_03.c 的 CWE416_Use_After_Free__malloc_free_int64_t_03_bad( )函数中，对应第 46 行。

缺陷说明指出在文件 CWE416_Use_After_Free__malloc_free_int64CloseHandle(pHandle).c 的第 41 行使用 free 释放了资源 data，文件 CWE416_Use_After_Free__malloc_free_int64CloseHandle (pHandle).c 的第 46 行使用了释放后的资源。

在通信通道中，若以明文形式传输的敏感数据可能被他人监听到，就会造成敏感数据泄露。

预防措施是使用加密算法对敏感信息加密。

示例代码如图 5-17 所示。

```
13  void transparentSensitiveData_bad()
14  {
15      char * password;
16      char passwordBuffer[100] = "";
17      password = passwordBuffer;
18      scanf("%s",password);
19      HANDLE pHandle;
20      char * username = "User";
21      char * domain = "Domain";
22      if (LogonUserA(
23              username,
24              domain,
25              password,
26              LOGON32_LOGON_NETWORK,
27              LOGON32_PROVIDER_DEFAULT,
28              &pHandle) != 0)
29      {
30          printLine("User logged in successfully.");
31          CloseHandle(pHandle);
```

▲图 5-17　示例代码

第 25 行中的 password 未加密，并直接传递给 LogonUserA( )函数，这造成密码可能被他人监听到。

4. 内存分配后未释放

如果分配的内存用完后不释放，那么程序运行时间越长，占用的存储空间越来越大，最终用尽全部存储空间，导致整个系统崩溃。检查分配的内存的释放情况，确保对分配的内存完成有效的释放操作。

每个内存分配函数都应该有一个对应的 free( )函数，alloca( )函数除外。

malloc( )函数用于分配堆内存，但是在函数结束之前没有使用 free( )函数释放堆内存，造成堆内存一直被占用。在服务器端程序长期运行的情况下，占用的堆内存越来越大，最后导致内存耗尽，系统崩溃。

缓解和预防措施如下。

（1）检查函数 malloc( )是否有对应的 free( )函数。

（2）检查使用 new 分配内存的函数是否有对应的 delete( )函数。

（3）检查使用 new[]分配内存的函数是否有对应的 delete[ ]函数。

第 1 段示例代码如下。

```
static void goodG2B1()
{
    char *data;
    data=NULL;
    if(STATIC_CONST_FALSE)
    {
        printLine("Benign, fixed string");
    }
    else
    {
        data=(char *)malloc(100*sizeof(char));
        if(data==NULL)
            {exit(-1);}
        memset(data,'A',100-1);
        data[100-1]='\0';
    }
    if(STATIC_CONST_TRUE)
    {
        printLine(data);
    }
}
```

检测结果如图 5-18 所示。

```
109   /* goodG2B1() - use goodsource and badsink by changing the first STATIC_CONST_TRUE to STATIC_CONST_FALSE */
110   static void goodG2B1()
111   {
112       char * data;
113       /* Initialize data */
114       data = NULL;
115       if(STATIC_CONST_FALSE)
116       {
117           /* INCIDENTAL: CWE 561 Dead Code, the code below will never run */
118           printLine("Benign, fixed string");
119       }
120       else
121       {
122           data = (char *)malloc(100*sizeof(char));
123           if (data == NULL) {exit(-1);}
124           memset(data, 'A', 100-1);
125           data[100-1] = '\0';
126           /* FIX: Do not free data in the source */
127       }
128       if(STATIC_CONST_TRUE)
129       {
130           /* POTENTIAL FLAW: Use of data that may have been freed */
131           printLine(data);
132           /* POTENTIAL INCIDENTAL - Possible memory leak here if data was not freed */
133       }
134   }
```

▲图 5-18 检测结果

缺陷发生在 CWE416_Use_After_Free__malloc_free_char_04.c 的 goodG2B1( )函数中，对应第 122 行。

缺陷说明指出在文件 CWE416_Use_After_Free__malloc_free_char_04.c 的第 122 行调用函数 malloc( )分配内存，将分配的资源赋给指针变量 data。文件 CWE416_Use_After_Free__malloc_free_char_04.c 的第 131 行中存在类释放操作，但未覆盖所有可能性，在某些条件下未正确释放内存可能导致内存泄漏。

图 5-19 展示了第 2 段示例代码。

```
▲ 37  void bad()
   38  {
▲ 39      char * data;
▲ 40      map<int, char *> dataMap;
▲ 41      data = NULL;
   42      /* FLAW: Did not leave space for a null terminator */
■ 43      data = new char[10];
   44      /* Put data in a map */
   45      dataMap[0] = data;
   46      dataMap[1] = data;
   47      dataMap[2] = data;
   48      badSink(dataMap);
   49  }
```

▲图 5-19　第 2 段示例代码

缺陷发生在 CWE122_Heap_Based_Buffer_Overflow__cpp_CWE193_char_ncpy_74a.cpp 的 bad( ) 函数中，对应第 43 行。

缺陷说明指出在文件 CWE122_Heap_Based_Buffer_Overflow__cpp_CWE193_char_ncpy_74a.cpp 的第 43 行使用关键字 new 分配内存资源，将分配的资源赋给指针变量 data，在某些条件下未正确释放内存可能导致内存泄漏。

图 5-20 展示了第 3 段示例代码。

```
65  static void goodG2B()
66  {
67      int64_t * data;
68      map<int, int64_t *> dataMap;
69      data = NULL; /* Initialize data */
70      {
71          /* FIX: data is allocated on the heap and deallocated in the BadSink */
72          int64_t * dataBuffer = (int64_t *)malloc(100*sizeof(int64_t));
73          if (dataBuffer == NULL)
74          {
75              printLine("malloc() failed");
76              exit(1);
77          }
78          size_t i;
79          for (i = 0; i < 100; i++)
80          {
81              dataBuffer[i] = 5LL;
82          }
83          data = dataBuffer;
84      }
85      /* Put data in a map */
86      dataMap[0] = data;
87      dataMap[1] = data;
88      dataMap[2] = data;
89      goodG2BSink(dataMap);
90  }
```

▲图 5-20　第 3 段示例代码

缺陷发生在 CWE590_Free_Memory_Not_on_Heap__free_int64_t_declare_74a.cpp 的 goodG2B( ) 函数中，对应第 72 行。

缺陷说明指出在文件 CWE590_Free_Memory_Not_on_Heap__free_int64_t_declare_74a.cpp 的第 72 行调用函数 malloc( )分配内存，将分配的资源赋给指针变量 dataBuffer，在某些条件下未正确释放内存可能导致内存泄漏。

5. 释放非堆内存

非堆内存并不是动态分配的，不需要程序员释放。不允许程序释放未使用堆函数（如 malloc( )、calloc( )或 realloc( )等）分配的内存。释放非堆内存（如静态内存或堆栈内存），会损坏程序的内存管理结构，进而导致程序崩溃，并可能产生漏洞。例如，恶意使用 free( )访问内存单元，修改数据或执行未经授权的命令或代码。

为了避免释放非堆内存，需要做到如下方面。

（1）仅在释放之前使用 malloc( )等内存分配函数在堆上分配的指针。

（2）持续跟踪指针，并且仅释放一次指针。

第 1 段示例代码如下。

```
#include <stdlib.h>

#define BUFSIZE 256
```

```
void func(int sign)
{
    char *ch="hello";                    //指针[ch]此时指向非堆内存

    if (sign==1)
        ch=(int *)malloc(BUFSIZE);       //当条件为假时，此语句不执行，指针[ch]依然指向非堆内存

    free(ch);                            //可能释放非堆内存
}
```

第 2 段示例代码如图 5-21 所示。

```
22
23  void CWE590_Free_Memory_Not_on_Heap__free_int64_t_static_01_bad()
24  {
25      int64_t * data;
26      data = NULL; /* Initialize data */
27      {
28          /* FLAW: data is allocated on the stack and deallocated in the BadSink */
29          static int64_t dataBuffer[100];
30          {
31              size_t i;
32              for (i = 0; i < 100; i++)
33              {
34                  dataBuffer[i] = 5LL;
35              }
36          }
37          data = dataBuffer;
38      }
39      printLongLongLine(data[0]);
40      /* POTENTIAL FLAW: Possibly deallocating memory allocated on the stack */
41      free(data);
42  }
43
```

▲图 5-21　第 2 段示例代码

缺陷发生在 CWE590_Free_Memory_Not_on_Heap__free_int64_t_static_01.c 的 CWE590_Free_Memory_Not_on_Heap__free_int64_t_static_01_bad( )函数中，对应第 41 行。

缺陷说明指出在 CWE590_Free_Memory_Not_on_Heap__free_int64_t_static_01.c 文件的第 29 行为 dataBuffer 分配非堆内存，在第 41 行中使用 free()释放 data 指向的非堆内存，可能导致程序崩溃。

6. 分配与释放的内存不匹配

分配与释放的内存不匹配有两种可能：一种是分配内存的方法错误；另一种是释放的指针不指向缓冲区的开始位置。

在 C++/C 中，当内存使用 new 运算符分配内存并使用函数 free( )释放内存时，检查器将暴露出典型的问题。在这种情况下，无论该内存中驻留何种对象，程序都不会调用 C++ 析构函数，因此尽管完全可以释放内存空间，但是并不会按照程序员的预期语义执行此操作。此外，如果不同的 C 和 C++代码实现使用不同的底层堆，混用函数很容易导致内存泄漏和堆损坏。

示例代码如下。

```
class C
{   public:
        C()
        {
            data=new int[2];
        }
        ~C()
        {
            delete data;        //释放函数和内存分配函数不匹配
        }
    private:
        int *data;
};
int main()
{
    class C;
}
```

5.3　代码不可达

代码中的条件不成立会导致代码不可执行。代码无法访问通常是逻辑错误的结果，一般由程序的生命周期发生变化或其预期的运行环境所致。

代码无法访问会导致意外的程序行为，这是因为编写的代码与预期不相符。不可达代码也会在代码维护或代码评审时引起混淆。在某些边界情况下，当不可达代码负责保护特定资源或代码分支时，无法访问的代码会导致漏洞。

第 1 段示例代码如下。

```
static void goodB2G1()
{
    char *data;
    data=NULL;
    if(staticReturnsTrue())
    {
        data =(char *)malloc(100*sizeof(char));
        if(data==NULL) {exit(-1);}
        memset(data, 'A', 100-1);
        data[100-1]='\0';
        free(data);
    }
    if(staticReturnsFalse())
    {
        printLine("Benign, fixed string");
    }
    else
    {
        /*不执行任何操作*/
        ;        }
}
```

检测结果如图 5-22 所示。

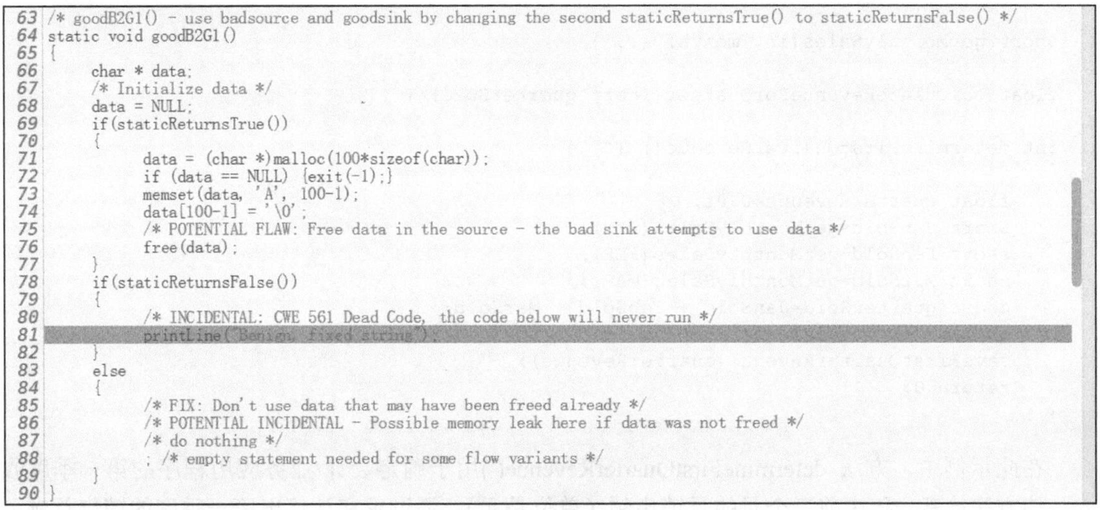

```
63  /* goodB2G1() - use badsource and goodsink by changing the second staticReturnsTrue() to staticReturnsFalse() */
64  static void goodB2G1()
65  {
66      char * data;
67      /* Initialize data */
68      data = NULL;
69      if(staticReturnsTrue())
70      {
71          data = (char *)malloc(100*sizeof(char));
72          if (data == NULL) {exit(-1);}
73          memset(data, 'A', 100-1);
74          data[100-1] = '\0';
75          /* POTENTIAL FLAW: Free data in the source - the bad sink attempts to use data */
76          free(data);
77      }
78      if(staticReturnsFalse())
79      {
80          /* INCIDENTAL: CWE 561 Dead Code, the code below will never run */
81          printLine("Benign, fixed string");
82      }
83      else
84      {
85          /* FIX: Don't use data that may have been freed already */
86          /* POTENTIAL INCIDENTAL - Possible memory leak here if data was not freed */
87          /* do nothing */
88          ; /* empty statement needed for some flow variants */
89      }
90  }
```

▲图 5-22　检测结果

缺陷发生在 CWE416_Use_After_Free__malloc_free_char_08.c 的 goodB2G1()函数中，对应第 81 行。

缺陷说明如下。

CWE416_Use_After_Free__malloc_free_char_08.c 文件中第 81 行的代码不可达,第 78 行的到达条件 staticReturnsFalse( ) 是永假式,因为函数 staticReturnsFalse() 的返回值为 0。

再看 staticReturnsFalse( ) 函数。

```
static int staticReturnsFalse()
{
    return 0;
}
```

该函数是一个永假式,所以判断条件永远为假,真分支永远不执行。

5.4　整数溢出或环绕

当逻辑条件表达式的计算超出控制时,可能会产生整数溢出或环绕。当计算用于资源管理或执行控制时,这可能会引入其他问题。若整数值超过该数值类型的边界,就会引发整数溢出或环绕。

如下代码会造成 OpenSSH 3.3 中的一个整数溢出缺陷。

```
nresp=packet_get_int();
if (nresp>0) {
    response=xmalloc(nresp*sizeof(char*));
    for(i=0; i<nresp;i++)
        response[i]=packet_get_string(NULL);
}
```

如果 nresp 的值为 1073741824,sizeof(char *) 的典型值为 4,则 nresp * sizeof(char *) 的结果将溢出,并且 xmalloc( ) 的参数将为 0。大多数情况下,若使用 malloc( ) 分配一个 0 字节的缓冲区,就会导致在随后的循环迭代中堆缓冲区溢出。

示例代码如下。

```
#define JAN 1
#define FEB 2
#define MAR 3

short getMonthlySales(int month) {...}

float calculateRevenueForQuarter(short quarterSold) {...}

int determineFirstQuarterRevenue() {

    float quarterRevenue=0.0f;
    short JanSold=getMonthlySales(JAN);
    short FebSold=getMonthlySales(FEB);
    short MarSold=getMonthlySales(MAR);
    short quarterSold=JanSold + FebSold + MarSold;
    quarterRevenue=calculateRevenueForQuarter(quarterSold);
    saveFirstQuarterRevenue(quarterRevenue);
    return 0;
}
```

在此示例中,方法 determineFirstQuarterRevenue( ) 用于确定会计/业务应用程序的第一季度收入。该方法检索一年中前三个月的月销售额(单位是元),通过求和计算出第一季度的销售总额,根据第一季度的销售总额计算第一季度的收入,最后将第一季度的收入保存到数据库中。

在此示例中,原始类型 short 用于定义月度和季度销售量。在 C 语言中,short 类型能表示的最大值为 32767。如果一年中前三个月销售额的总和大于 32767 元，则可能会导致整数溢出。整数溢出会导致数据损坏、意外行为、无限循环和系统崩溃。为了纠正这种情况，使用适当的原始类型，如下面的示例所示，或提供某种验证机制以确保不超过原始类型能表示的最大值。

```
...
float calculateRevenueForQuarter(long quarterSold) {...}

int determineFirstQuarterRevenue() {
...
long quarterSold = JanSold + FebSold + MarSold;

quarterRevenue = calculateRevenueForQuarter(quarterSold);

...
}
```

5.5 资源泄露

若套接字操作结束或创建后未关闭，就会造成所有与之前获得但并未释放的资源相关的描述符丢失。这违反了预期的安全策略，可能导致安全问题。

如果对资源分配不施加任何限制，并且资源没有正确地释放，那么在下一次尝试访问该资源时，它将不可用，这违反了预期的安全策略，可能会造成意外的后果。

文件描述符或套接字泄露可能导致系统崩溃、拒绝服务及无法打开更多文件或套接字。操作系统可限制一个进程拥有多少个文件描述符和套接字。达到限制后，进程必须先关闭一部分资源的打开句柄。如果进程泄露了这些句柄，则在进程终止之前，系统无法回收这些资源。

对于 Java 代码，RESOURCE_LEAK 查找程序中没有尽快释放文件句柄、套接字等系统资源的情况。虽然在某些情况下垃圾回收器会在其他对象无法访问相关资源时关闭此类资源，但是并不保证它一定会及时或完全关闭这些资源。依靠垃圾回收器或终结函数清理这些资源会导致资源的保留时间超过必要的时间。这种浪费可能导致资源耗尽，在这种情况下，在同一系统中运行的程序或其他程序会由于无法获取这些资源而无法运行。因此，最好尽快显式释放这些资源。

RESOURCE_LEAK 可查找只通过本地变量引用发生的资源泄露。它在程序间执行检查，从而确定返回资源的方法和可节省或关闭传入程序中的资源的方法。它不会跟踪存储到对象字段中的资源。用户可以使用 Dynamic Analysis RESOURCE_LEAK 查找此类资源的泄露。

缓解措施如下。

明确关闭所有具有关闭方法的资源，即使不重要的资源也应如此。这将避免未来更改代码时出现这类错误。

```
#include <windows.h>

void func()
{
    SOCKET sockServer=socket(0, 0, 0);          //分配资源[sockServer]
    SOCKET sockClient=accept(sockServer,0,0);   //分配资源[sockClient]

    if(sockServer<0)
        return -1;

    closesocket(sockServer); //只资源释放[sockServer]，而资源[sockClient]未释放
}
```

如果文件资源使用后未释放，那么在下一次尝试访问它时，它将不可用。因此，在每次使用资源后，都需要释放资源，以防止资源泄露。

缓解措施如下。

（1）检查各个分支在函数退出前是否关闭文件句柄。

```
#include<stdio.h>

int func(const char *name, int some_error)
{
    FILE *f=fopen(name, "r");
    if (f==NULL)
        return 1;
    //...//
    if (some_error) return 1;                    //返回前，资源[f]未释放
    //...//
    fclose(f);
    return 0;
}
```

（2）检查打开的文件再次打开之前是否正确关闭。

```
#include<stdio.h>
#include<windows.h>
int main()
{
    WIN32_FIND_DATA p;
    HANDLE h=FindFirstFile("e:\\test\\*.c",&p);    //查找到的文件资源未关闭
    puts(p.cFileName);
    while(FindNextFile(h,&p))
        puts(p.cFileName);
    return 0;
}
```

5.6　线程死锁

5.6.1　加锁后未判断是否成功

在加锁后未判断是否成功的情况下直接使用线程，如果出现加锁失败，则可能导致未定义的行为。

在 Linux 系统下，使用互斥锁 API 可以缓解这个问题。

当使用 pthread_mutex_lock(pthread_mutex_t *mutex)加锁时，如果 mutex 已经锁住，当前尝试加锁的线程就会阻塞，直到互斥锁被其他线程释放。

当使用 pthread_mutex_trylock(pthread_mutex_t *mutex)加锁时，如果 mutex 已经锁住，当前尝试加锁的线程不会阻塞等待，而立即返回错误码，描述互斥锁的状况。只有确保在 pthread_mutex_trylock( )调用成功（即返回值为 0）时，才能解锁它。

当使用 pthread_mutex_unlock(pthread_mutex_t *mutex)时，使用锁之前要初始化。

在 C++中，Windows 系统中的互斥对象就是互斥信号量，在一个时刻只能被一个线程使用。

使用 CreateMutex 创建一个互斥对象，返回对象句柄。

使用 OpenMutex 打开并返回一个已存在的互斥对象句柄，用于后续访问。

使用 ReleaseMutex 释放互斥对象占用的资源，使之可用。

5.6.2　线程死锁

死锁是指两个或两个以上的进程在执行过程中竞争资源或者彼此通信而造成的一种阻塞现象。若无外力作用，它们都将无法推进下去。此时系统处于死锁状态，这些永远在互相等待的进程称为死锁进程。

死锁可能导致程序死机、UI 无效、设备无响应等问题。

缓解措施如下。

（1）尝试让代码的锁定部分尽可能短小和简单以便于理解。

（2）勿锁定可能导致数据竞争等并发问题的代码。

（3）务必避免循环等待的状况。

（4）如果使用多个锁（通常在升级保护模式下），务必确保在每种情况下已执行完全相同的升级操作。

示例代码如下。

```c
#include <stdio.h>
#include <pthread.h>
static pthread_mutex_t A, B;
static pthread_cond_t cond;
static int count;
void *f1(void *msg) {
    pthread_mutex_lock(&A);
    pthread_mutex_lock(&B);                //这时互斥锁[A]和[B]均上锁
    while (count) {
        pthread_cond_wait(&cond, &B);   //NOT
    }
    pthread_mutex_unlock(&B);
    pthread_mutex_unlock(&A);
    return 0;
}
void *f2(void *msg) {
    pthread_mutex_lock(&A);
    pthread_mutex_lock(&B);
    count--;
    pthread_cond_broadcast(&cond);
    pthread_mutex_unlock(&B);
    pthread_mutex_unlock(&A);
    return 0;
}
int main(int argc, char**argv) {
    pthread_t pt1, pt2;
    pthread_mutex_init(&A, NULL);
    pthread_mutex_init(&B, NULL);
    pthread_cond_init(&cond, NULL);
    count=1;
    pthread_create(&pt1,0, f1, NULL);
    pthread_create(&pt2,0, f2, NULL);
    pthread_join(pt1, NULL);
    pthread_join(pt2, NULL);
    pthread_mutex_destroy(&A);
    pthread_mutex_destroy(&B);
    pthread_cond_destroy(&cond);
    return 0;
}
```

修复方案如下。

```c
void *f1(void *msg) {
    //pthread_mutex_lock(&A);          //消除死锁
```

```
        pthread_mutex_lock(&B);
        while (count) {
            pthread_cond_wait(&cond, &B);
        }
        pthread_mutex_unlock(&B);
        //pthread_mutex_unlock(&A);            //消除死锁
        return 0;
    }
```

5.6.3　加锁后未解锁

在线程退出之前，解锁或者释放资源。如果线程加锁后未解锁，则可能导致死锁，使线程无限地等待下去，进而造成灾难性的后果。

忘记解锁可能导致死锁。如果加锁后未解锁，则无法继续进行任何调用来获取该锁，除非释放该锁。

缓解措施与 5.6.2 节的类似。

若加锁后未解锁，修复方案如下。

```
#include <pthread.h>

extern int z();

void foo(pthread_mutex_t *mutex)
{
    int result=pthread_mutex_lock(mutex);
    if(0!=result)
        return;
    switch (z())
    {
    case 0:
        pthread_mutex_unlock(mutex);            //返回前增加解锁语句
        return;
    case 1:
        break;
    }
    pthread_mutex_unlock(mutex);
}
```

5.7　无限循环

无限循环对应的编号为 CWE-835，表示具有无法到达的退出条件的循环（无限循环）。

5.7.1　可能不变的循环因子

若循环因子不发生改变，条件的有效性不在迭代期间发生变化，就会导致循环判断条件不变，进而导致无法跳出循环。无限循环会导致程序无限期挂起或崩溃，并可能会因过度使用 CPU 或内存资源而允许 DoS（Denial of Service，拒绝服务）攻击。

不变条件可能会导致程序意外的行为，这是因为编写的代码与预期不相符。不变条件也可能会在代码维护或代码评审时引起混淆。

检测以下程序是否存在逻辑错误。

```
int inf_loop()
{
    int a=0;
```

```
    int b=0;
    while(a<10)    //循环因子[a]在循环中未发生改变，造成无法跳出循环
    {
        b++;
    }
    return b;
}
```

这里应该把循环因子设置为可变循环因子。

5.7.2 循环跳出条件无法满足

若循环跳出条件无法满足，就会导致死循环。无限循环会导致程序无限期挂起或崩溃，并可能会因过度使用 CPU 或内存资源而允许 DoS 攻击。检测以下程序是否存在逻辑错误。

```
int inf_loop()
{
    int a=10;
    while(true)
    {
        a++;
        if(a>15&&a<12)              //循环跳出条件无法满足
        {
            break;
        }
    }
}
```

修改循环跳出条件使得其可以满足。

5.7.3 函数循环调用

若函数循环调用且对调用条件未做判断，就会导致无限循环。无限循环会导致程序无限期挂起或崩溃，并可能会因过度使用 CPU 或内存资源而允许 DoS 攻击。

检测以下程序是否存在逻辑错误。

```
void foo_B();

void foo_A()
{
    foo_B();//函数 foo_A()调用了函数 foo_B()
}
void foo_B()
{
    foo_A();//函数 foo_B()调用了函数 foo_A()，存在循环调用关系
}
int main()
{
    foo_A();
    return 0;
}
```

解决方案是增添合适的函数调用条件，制造跳出循环的出口。

5.7.4 控制表达式有逻辑错误

若控制表达式有逻辑错误，终止条件不可能满足，就会导致无限循环。无限循环会导致程序无限期挂起或崩溃，并可能会因过度使用 CPU 或内存资源而允许 DoS 攻击。

检测以下程序是否存在逻辑错误。

```
int foo()
{
    int i;
    for(i=1;i!=10;i+=2)       //迭代器的循环终止条件无法满足，控制表达式存在逻辑错误
    {
        ...
    }
}
```

5.7.5　以外部输入作为循环跳出条件

若以外部输入作为循环跳出条件，则外部输入数据的不可预见性可能导致无限循环。无限循环会导致程序无限期挂断或崩溃，并可能会因过度使用 CPU 或内存资源而允许 DoS 攻击。

检测以下程序是否存在逻辑错误。

```
#include<stdio.h>

int f()
{
    int *p=fopen("file");
    int a,b,c;
    scanf("%d%d%d", &a, &b, &c);          //变量 a、b、c 均来自外部输入
    while(1)                              //循环跳出条件中的变量 a、b、c 均来自外部输入
    {
        if(a){
            fclose(p);
            break;
        }
        if(b){
            fclose(p);
            return -1;
        }
        if(c){
            continue;
        }
        fclose(p);
        break;
    }
    return 0;
}
```

这里应该将从外部输入的变量从循环条件中去除。